大是文化

70個馬上套用的
賺錢模式

半夜賣榻榻米、貴五倍的衛生紙、不怕你暴雷的試閱……

這些獲利模式怎麼想出來的？
現役行銷大師破天荒給你思考加速器。

株式會社創客營業研究所代表董事
超過 30 年經驗、現役行銷專家
木村尚義——著
李貞慧——譯

考える力を磨く１分間トレーニング

目錄

第二章

配合生活型態，放大或縮小商品重量……59

第三章

沒人規定，生意大小事都得自己來……97

第四章

不改商品功能，改收費機制……135

第五章

過去有哪些服務，現在消失了？……173

第六章

換個更有利於自己的戰場……211

第七章

推薦序

內捲時代，靠創新脫穎而出

百大經理人獎得主、Men's Game玩物誌主持人／賴金豊

臺灣人或許是全世界最熱愛創業的民族之一，這可能源自於我們普遍面臨的低薪環境，加上每個人心中都藏著一個創業夢。誇張一點比喻，如果有一顆隕石掉下來，它很可能會砸中老闆、而非員工，因為在這片土地上，創業者的密度實在太高了。當你走在街上，十個經過的人裡面，可能就有三個正在經營某種生意，或正在心裡盤算著下一個創業計畫。

這個幽默的比喻，正好反映了當前創業環境的競爭有多麼激烈。「內捲」，這個來自中國的詞彙，精準描述了現今的市場狀態——大家都在拚價格、比服

務，陷入無休止的消耗戰。各行各業都能看見這種現象，從餐飲業到科技公司，從傳統製造到新興服務，似乎沒有領域能倖免。

在過去的時代，競爭沒那麼激烈，只要多加一點服務或增添一些創意，就能讓營收顯著提升。一個小創新，一個貼心的服務細節，都足以讓顧客趨之若鶩，為事業帶來豐厚回報。而現在，相同的努力只是為了防止營收下滑、不讓自己在殘酷的競爭中被淘汰。這種情況告訴我們，今日的商業世界已進入全新階段。

我們不能再用舊思維和老方法，來應對當前的挑戰。在自己的行業中尋求突破、追求與眾不同，已經成為生存的必要條件，而非加分項。這就是這本《70 個馬上套用的賺錢模式》如此重要的原因。

當初出版社邀請我寫推薦序時，我對於這本僅兩百多頁的書，是否能容納七十個點子感到質疑。因為這代表，每個點子平均只有不到三頁的篇幅，又能有多深入、多實用？然而，當我開始閱讀後，才驚覺每個點子都如此簡潔明瞭，且極具邏輯性和啟發性。

翻閱了前十個點子，我甚至幾度忍不住想闔上書本、立即與團隊召開會議，討論如何將這些靈感應用於改善服務和優化營運。這些點子雖然短，卻能從不同角度，照亮我們的思維盲點。

若要最坦白、直接的形容本書的目的，我認為會是「七十個讓你腦洞大開的生意點子」，或「七十個讓你事業突圍的鬼點子」。

這些點子有些看起來可能不合常規，甚至有些瘋狂，但正是這種打破常識的思維，才能幫助我們在激烈的競爭中勝出。

在商業世界中，我們提供的產品或服務經常與競爭對手相似，特別是在成熟的行業中，產品或服務的核心功能往往已趨於一致。但有時就是那麼一點點的差異，就能讓我們超越對手。可能是一個產品的小功能、服務的一個微小調整，或者是品牌傳達了某種獨特的情感。這些微小的差距，都可能在顧客心中產生巨大的影響。

正因如此，我們不能只是安於舒適圈，重複做著習以為常的事。創新和突破往往來自於挑戰常規、勇於嘗試新事物。書中的七十個點子，正是為亟欲突破舒適圈的創業者和企業家，提供寶貴的指南。

我特別欣賞許多點子背後的實用性和可執行性。這些不是空泛的理論或遙不可及的概念，而是能立即實踐的具體策略。無論你是剛起步的創業者，還是已在市場上打拚多年的企業家，都能從中找到適合自己的點子，並根據各自的實際情況調整和應用。

七十個點子中，相信必定有不少能為你的生活、工作或事業帶來啟發。哪怕只有一個點子真正幫你賺到錢，也能為企業帶來實質上的提升。這本著作非常優質，書籍主題內容不但簡單易懂，甚至與其他用冗長內容來引導思維的書籍，有很大的區別，絕對值得你帶回家細細品味。

建議各位不妨把喜歡的點子做成小卡片隨身帶著，或放在你的數位筆記本裡，無聊時拿出來看一看，讓你的腦子動起來。

在這個日新月異的時代，唯一不變的就是變化本身。能夠適應變化，甚至引領變化的企業和個人，才能在競爭中立於不敗之地。我深信本書會帶給你許多嶄新的想法和啟發，幫助你在商業的汪洋大海中，找到屬於自己的天地。

無論是創業多年的老手，還是正在醞釀創業計畫的新手；無論是想要改善現有業務，還是想要開拓全新領域，這本書都值得你反覆閱讀，細細咀嚼。誠摯推薦給每一位渴望在競爭激烈的商業環境中，脫穎而出的創業者及企業家。

前言

七十個馬上套用的賺錢模式

「開發暢銷商品」、「建構全新服務，在業界掀起革新」、「確立全新銷售戰略，提高市占率」、「擬定戰略，以找回流失的顧客」——聽到這些話，你有什麼想法？

有些人可能會認為，這些事好像只有顧問，或一部分優秀的商務人士才做得到。說不定還有讀者覺得：「我們公司沒有創意方面的人才，絕對不可能辦得到的。」

的確，像是史帝夫・賈伯斯（Steve Jobs）的iPhone，或是京都大學的山中（伸彌）教授發現誘導性多能幹細胞（按：簡稱iPS細胞，這種細胞擁有與胚胎幹細胞相似的再生能力）等，這些創新都獲得媒體大量的關注，可說是唯有極少數天才才能達到的成果。

可是，其實還有數不盡的隱藏暢銷商品未曾出現在媒體上，卻也被其他公司仿效，現在已經成為隨處可見、理所當然的服務。但它們在問世當時，應該也是創新的點子。

沒錯，其實我們身邊充斥著各種暢銷商品和創新點子，並非出自極少數的天才，而是跟我們一樣的普通商務人士發想出來的。他們甚至也不是無中生有，而是用現有的商品、服務、自家公司積累的知識與經驗等，眼前看得到的東西為提示，再擠出點子。

本書透過問答形式，介紹我們周遭的暢銷商品與服務誕生的背景、基本思維等，讓大家能輕鬆的鍛鍊思考能力，想出全新的點子。每一節都是簡單的問題，一分鐘之內就可以回答一題，很適合利用通勤時間或有一點空檔時挑戰看看。我也會在每一章最後附上詳細的解說，待各位回答問題後，也可以回頭再次仔細閱讀。

這裡先舉一題供大家暖身，請回答看看。

問題

以下三者，分別是在重新命名後爆紅的商品，題中所列的是原始的名稱。請大家想想，這三種商品更名後的新名稱是什麼。

①清新生活（Fresh Life）。
②豆Dash。
③罐裝煎茶。

這一題可能有點難，提供一點提示：清新生活是服飾品，豆Dash是玩具，而罐裝煎茶則名副其實，就是裝在罐子裡的茶飲料。而且，這些商品都是日本家喻戶曉的暢銷商品。

答案

①清新生活→通勤快足（襪子）。

②豆Dash→阿Q迴力車（Choro Q）。

③罐裝煎茶→Oi Ocha綠茶。

看到答案後，大家覺得如何？

聽說這些商品在更名前，銷路都很差。其實，只要用這麼簡單的方法，就可以催生出暢銷商品。

有些人可能會覺得：「我就是沒有這種靈感啊……。」這也沒關係，長久以來，我都在協助企業提升營收。過程中，我也學到許多企業的成功案例，並活用在自己的工作上。最後我發現，劃時代的創意，都是透過改變以下七點中的任一項而誕生的。

- 利用時間差、空間差。
- 放大、縮小商品重量。
- 借其他公司或顧客的力量。
- 不改商品功能，改收費機制。
- 改變銷售環境，思考過去有哪些服務，現在消失了。
- 改變基準，換個更有利自己的戰場。
- 調整商品本身存在的理由。

本書也會根據這七點，各自延伸為七個章節，各位讀者每讀完一章，就可以學會一項。

我再次重申，不需要什麼高明創意，只要稍微改變既有的商品與服務，就可以提升自家公司產品的營收，或是構思出新服務。只要學會本書介紹的思考方法後，每個人都能擁有靈活的頭腦，想出創新的靈感。

衷心希望本書能成為各位磨練思考的契機，協助您的事業蒸蒸日上。

※本書刊載的案例，係作者透過報紙、電視、雜誌、書籍、演講會、網路上的內容等資訊為基礎，藉由獨家方法分析、解說而得。此外，如未特別說明，本書登載資料皆為截至二〇一四年四月三十日的資訊。

第一章

利用時間差、空間差，避開競爭

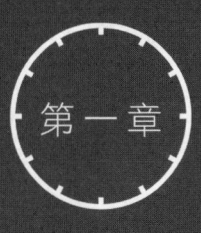

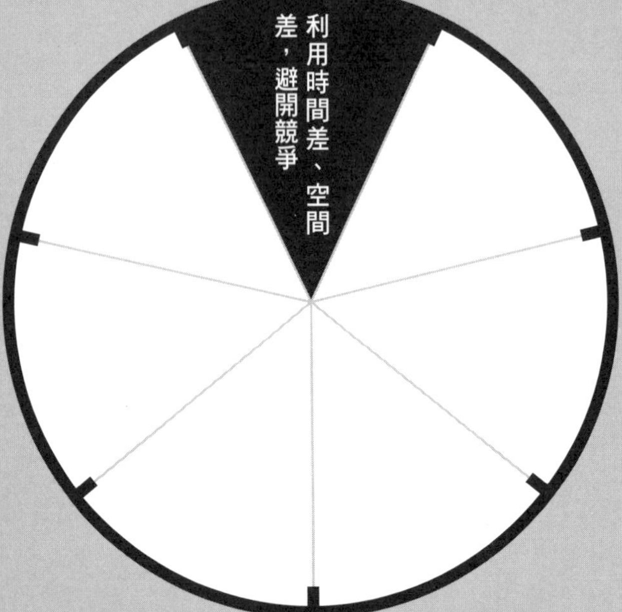

- **Q1** 收費超低廉的租車公司
- **Q2** 只是改變營業時段，營收提升四倍
- **Q3** 只需百元，外師親自授課英語會話
- **Q4** 故意把工作轉包到人事費用高的國家
- **Q5** 刻意在一條街上集中展店
- **Q6** 旅館不只是旅館
- **Q7** 新加坡地鐵如何疏解尖峰人潮？
- **Q8** 冬天賣冰棒
- **Q9** 不降價怎麼銷庫存？
- **Q10** 產品太熱門也會得罪人

Q1

收費超低廉的租車公司

某家租車業者祭出超優惠的租車價格，每十二個小時兩千五百二十五日圓起，這個價格大約是行情價的一半。

經營一家租車行，除了人事費用外，還要支付停放汽車的土地費用、修理與保養汽車的相關設施等各種成本。為什麼這家公司，能以超優惠價格提供租車服務？

提示

這不是直營店，而是連鎖企業。

【解答】

因為這家公司以加油站和汽車用品店為據點，經營租車事業。

【解說】

這家收費低廉的租車公司，是橫濱市的「Rentas」公司經營的「微笑租車」服務。

這家公司將里程數高的二手車，修理保養後轉用作租賃車，這也是收費之所以低廉的理由之一。不過，這家公司的獨特之處在於，他們和加油站、汽車用品店等簽訂特許加盟經營合約，來經營租車事業。

加油站和汽車用品店這類店家，原本就已有加油和修理、保養的相關設施、技術人員、停車場等，這些也正是提供租車服務的基礎設施，所以租車公司不須再投資設備。而且隨著油電混合車等油耗表現優異的汽車問市，以及開車人口減少的影響，加油站的獲利能力變差，租車剛好成為全新的獲利來源。這個合作案例，是需要特別設施和空間的租車業者，與恰好擁有多餘資源的加油站，兩者形成完美互補的情形。

還有這些類似案例：咖啡廳進駐書店

現在有越來越多大型書店，都附有咖啡店。對書店來說，除了可以藉此提供顧客放鬆的場所，延長他們在店內停留的時間，還可以收房租。而對咖啡廳來說，也可以減少集客成本。

Q2
只是改變營業時段，營收提升四倍

兵庫縣有一家榻榻米老店「TTN corporation」，因為開始了某項服務，讓營業額提高到四倍。請問他們提供了什麼服務？

①如果木地板要改鋪榻榻米，施工費用全免。
②二十四小時營業，隨時可到府更換榻榻米。
③女師傅到府更換榻榻米。

提示

這一題稍難，所以提供三個選項。

【解答】

②二十四小時營業，隨時可到府更換榻榻米。

【解說】

不只是一般家庭，居酒屋或料亭（按：高級日式料理餐廳，通常都附有庭園並提供包廂）等也會使用榻榻米。更換榻榻米時，這些餐廳只能選擇關門休息，或在營業時間內停用部分空間。

當這家老店開始二十四小時服務後，餐飲店等營業場所的委託蜂擁而至，因而創造出四倍的營收。乍看之下，各位可能以為沒有人會在三更半夜更換榻榻米，但只要仔細觀察客戶的行為，凸顯出潛在需求，就可以在不變更業務內容，也不用多投資設備的前提下，引領公司成長。

還有這些類似案例：商務旅館的擦鞋服務

這些商務旅館的擦鞋服務，是入住的房客只要在晚上入睡前，將鞋子送去，睡醒時就會看到擦得亮晶晶的皮鞋。或是為了深夜工作的顧客，從早上就開始營業的居酒屋等，都是改變時間後凸顯出獨特之處的案例。

Q3 只需百元，外師親自授課英語會話

隨著經濟的全球化，對於商務人士來說，英語能力也變得越來越重要了。或許有些讀者的公司，已經開始以英語作為社內的共通語言，或是考績受多益（TOEIC）的分數影響。

雖然很多人想學好英語，但坊間的英語會話班一個月就要價好幾千元、甚至上萬元，實在讓人卻步。不過，日本曾出現一種英語會話班大受歡迎，每個月學費只要幾千日圓，甚至單一課程只要幾百日圓。為什麼這些課程會這麼便宜？

提示

授課的老師都是外國人。

【解答】

因為授課老師是菲律賓籍，透過網路、線上教英語會話。

【解說】

隨著高速網路的普及，只要在電腦和智慧型手機上安裝「Skype」等免費通話軟體，就可以和國外的人見面說話，十分簡單。這項服務，就是利用這個機制，讓身在菲律賓的老師為顧客上英語課。

菲律賓的官方語言就是英語，而且以觀光立國，所以菲律賓人有很多機會和海外的旅客交談，也學會了歐美的發音和最新的詞彙表達方法。

即便如此，菲律賓的人事費用低，因此可以用低廉的費用提供高品質的英語會話課。而且菲律賓和日本的時差只有一小時（按：菲律賓與臺灣沒有時差），這一點也是關鍵。

還有這些類似案例：徵才網站透過網路，從全世界募集人才

近年來有越來越多雇主利用網路，將不須面對面也能委託的工作，如設計、程式設計等，發包給人事費用低廉國家的勞工。

Q4 故意把工作轉包到人事費用高的國家

上一節提到，有越來越多雇主藉由網路，將工作委託給人事費用較低廉國家的勞工。

然而，卻有設計公司和翻譯公司，將工作發給人事費用幾乎和日本差不多的美國。依據狀況不同，有時候費用甚至高到，不如委託日本的公司還比較划算。

為什麼要支付較高的費用，將工作發包到美國？

提示

為了獲得與金錢同等重要的東西。

【解答】

為了利用時差，縮短交期。

【解說】

日本和美國有半天以上的時差，只要妥善利用的話，就可以白天發包，當自己晚上睡覺時，讓遠方還是處在白天的員工工作。第二天一早進公司，就能收到完成的成果。很多資訊科技企業都會利用這個方法。

還有這些類似案例：快速乾髮毛巾

這種毛巾利用超細纖維，讓溼漉漉的頭髮更快乾，也可以賣得比一般毛巾貴。省時的領域，不論在什麼時代，都是可以生錢的附加價值。

Q5 刻意在一條街上集中展店

走在街上時，經常看到同一個連鎖品牌，在同一區域裡開了好幾家門市。這種做法各個業界都有，例如便利超商、親子餐廳、兒童服飾店等。

各位或許會想，這麼一來，門市之間不就會因為商圈重疊，彼此搶客競爭，最終甚至可能兩敗俱傷嗎？但這麼做其實是有理由的，而且還不只一個。請大家一起想一想，企業為什麼要在同一個區域集中展店？

提示

不妨試著以更大的視野來思考。

【解答】

●因為把多家門市，當成是一家虛擬的大型店鋪。
●為了讓其他同業無法再進入這個區域。

【解說】

在同一個區域內開好幾家門市，這是零售連鎖業常見的手法，主要有兩個理由。第一，就是把複數門市想成是一個大型店鋪。如果其中一家商品缺貨，就可以彼此調貨。除此之外，一位店長也可以同時管理多家門市，而且因為彼此距離近，物流也更有效率。這樣一來，即便開兩家門市，成本也不會變為兩倍。

第二個理由，就是先占據店鋪位置，讓其他連鎖店無法進駐該區域。與其讓其他同業在同一區域開店，導致商圈內的自家門市營收下滑，不如再開一家自己的店還較為有利。

所以，乍看之下這種展店戰略似乎很浪費，但其實是有其用意的。

還有這些類似案例：優勢策略（Dominant Strategy）

本節的開店方法一般稱為「優勢策略」。這裡請讀者們養成一個習慣，當你在車站前，看到同一連鎖品牌的多家門市時，請試著思考一下，該連鎖品牌之所以這樣展店的理由。我將這種方法稱作「搶占賞花好位置的戰略」。

Q6

旅館不只是旅館

隨著高速公路、新幹線的延伸，搭乘飛機也越來越便利，導致東京都近郊溫泉區的客源流失，觀光客都被距離市中心較遠的鄉下溫泉區給搶走了。而且東京都內也有大眾澡堂，所以一般民眾要不是選擇在市中心洗澡，就是去遠一點的鄉下溫泉區洗溫泉，逐漸趨向兩極化。

不過，東京都近郊的溫泉區，後來也開始推出活用該地特性的方案，觀光客也慢慢回籠了。請問到底是用什麼樣的方案，找回了都會區的顧客？

提示

關鍵在於，距離市中心很近。

【解答】

提供當天來回、附兩餐的溫泉泡湯方案。

【解說】

東京都近郊的溫泉區，觀光客之所以越來越少，主要是以下的心理作祟：「難得出門旅行，這個距離也太近了。」另外，東京市中心也開設了溫泉設施和超級錢湯（按：娛樂取向的澡堂，另附有餐廳、按摩椅、漫畫區等）。如果只是想泡個溫泉，這些設施就足以滿足需求。

可是較遠的溫泉區，某種程度必須有數天的閒暇時間才能前往，超級錢湯又缺少旅館的客房和料理等平時少有的體驗。所以東京都近郊的箱根和熱海的溫泉旅館，就開始提供當天來回、附兩餐的溫泉方案。

如果附有老字號旅館的午餐和晚餐，就能享受到非日常的體驗，再搭配巴士從東京都來回接送的話，喜歡喝酒的人也可以參加。

拋開「旅館是住宿設施」的常識，這種方案讓顧客可以比以往更輕鬆的享受溫泉，因此大受歡迎。以此為契機，特地來住宿的人反而也逐漸增加。

還有這些類似案例：高級法式餐廳和料亭的午餐

即便是印象中價格昂貴的餐廳，也可以用平易近人的價位享用午餐。透過降低來店門檻、讓顧客品嚐餐點的美味，既可以拓展客層，也有助於招攬晚餐時段的來客。

Q7

新加坡地鐵如何疏解尖峰人潮？

都會區通勤時間的人潮擁擠是很嚴重的問題，而且絕不是日本獨有的現象。日本曾採取時差通勤對策，呼籲企業錯開上下班時間以疏解人潮，但成效不彰。

一樣位於亞洲的新加坡，長年以來也無法解決通勤人潮尖峰、車廂爆滿的問題。於是新加坡政府嘗試推動一項國家專案，結果在疏解龐大通勤人潮方面獲得一定的成果。請問這項嘗試是什麼？

提示

這種大膽的措施，日本絕對意想不到。

【解答】

早上搭地鐵免費。

【解說】

新加坡積極接納移民，因此比起如何增加勞工，更頭痛的是通勤時間地鐵擁擠的問題。於是該國政府推出一項措施，針對在早上七點四十五分以前抵達目的地的乘客，可享有車資免費的優惠，因此有效減少了通勤尖峰時段七％的乘客人數。

優惠部分的車資由新加坡政府負擔，各企業也紛紛引進彈性工時制度等，現在他們仍傾全國之力，努力疏解通勤時間的擁擠問題。

還有這些類似案例：餐飲店的空閒時段對策

和先前提到的疏解擁擠對策完全相反。餐飲店會努力推出各種優惠，如打折、充實下午茶餐點等，以增加午餐尖峰過後、空閒時段的來客。試著研究一下餐飲店下了什麼樣的工夫，也可以作為磨練思考力的小訓練。

Q8 冬天賣冰棒

食品公司井村屋以紅豆冰棒（按：あずきバー）聞名。他們成功的祕密，就在於提供冰箱給下游零售商，讓他們在店裡銷售冰棒。以現在來說，提供冰箱已經不稀奇了，但在當時可說是劃時代的創舉。

只不過到了冬天，店家經常嫌這臺冰箱占空間、礙事。所以井村屋想到一個方法，解決了這個問題。當年和現在不同，沒有人會在冬天吃冰棒。他們到底用了什麼方法，讓店家願意擺冰箱？

提示

當聽到井村屋時，通常會想到什麼？

【解答】

讓店家賣冷凍肉包、豆沙包。

【解說】

為什麼井村屋一定要讓店家擺冰箱？其實是為了確保銷售空間。如果一到冬天就搬走冰箱，那麼這個位置很可能就會擺其他公司的銷售器材，反倒成了競爭對手的銷售空間。這樣一來，隔年夏天就沒有位置賣冰棒了。

話雖如此，如果對商家沒有好處，就不可能說服店老闆在冬天放自家的冰箱。於是井村屋為了讓店家有利可圖，就提供冷凍肉包和豆沙包，而且當年還一併提供蒸鍋，以蒸熟冷凍肉包並保溫。

還有這些類似案例：放在書店和超商門市的免費報紙

免費報紙其實是廣告業務。為了提高廣告價值，就得確保好位置以增加發行數量。所以，發行商會提供免費貨架給店家，以確保良好的位置不被占走。

Q9 不降價怎麼銷庫存？

隨著動漫等次文化逐漸被大眾接受，二手漫畫書店大受歡迎，特別受到動漫粉絲的喜愛。不只是漫畫，其中還有許多店家一併收購並銷售公仔和玩具等。

這些二手店擁有龐大的庫存，而且存貨周轉率也很差，卻能利用某種方法創造出高獲利。他們用的方法是什麼？

提示

東京都市中心的店家，在郊外擁有很大的倉庫。

【解答】

在掀起熱潮前，保管好庫存，先不在店內上架。

【解說】

以往的動漫作品會因為各種原因，例如漫畫改編成動畫和電影、推出續集、作家得獎或過世，而再次受到世人青睞並引發熱潮。所以二手漫畫書店不會立刻將收購的庫存上架，而是先保管在租金便宜的郊外倉庫，等待熱潮出現。原因在於如果需求越大，越能推高售價。

不過，也不是所有商品都會先保管起來。再者，如果要順利推展這種商務模式，就得聘僱有專業知識、能預測熱潮到來的優秀員工。因此各家公司都費盡心力錄用精通該領域的人才。

還有這些類似案例：收購、銷售骨董和葡萄酒的商務

越陳越香、越有價值的商品，如骨董和葡萄酒等，也是採用相同的模式獲利。

Q10 產品太熱門也會得罪人

有一檔很受歡迎的綜藝節目，因為收視率高，有很多企業希望成為該節目的贊助商。可是因為申請數量實在太多，不得不拒絕。但電視臺方面希望盡量不要把上門的客戶往外推。

請大家想想，有什麼方法既能不拒絕客戶，又能順利播出？

提示

其實沒有那麼難。

【解答】

- 播放該節目的特別節目。
- 播放該節目的預告節目。
- 重播該節目。

【解說】

播放該節目的特別節目。只要單純延長節目時間，就可以增加插入的廣告數量。稍微計算一下，如果六十分鐘可以插進十支企業的廣告，那麼九十分鐘就能插進十五支廣告。

播放該節目的預告節目。雖然廣告收入較少，不過這種節目原本就常在假日下午等收視率較低的時段播放，製作單位就不用那麼辛苦的找贊助商。而且，還有企業願意花錢贊助、宣傳自家公司的節目，所以電視臺也不會虧本。

重播該節目。節目的重播時段，通常與原節目不同，所以可以吸引到不同領域的贊助商。

還有這些類似案例：在電影院中現場直播演唱會

也有些案例，是在電影院等場所，現場直播當紅偶像團體或歌手的演唱會。這樣一來，就能讓搶不到演唱會門票的粉絲掏錢。銷售演唱會DVD等也是相同的道理。

第一章　總整理

●何謂利用時間差和空間差？

這裡指的時間，不單是營業時間與提供服務的時段，還包含了自家公司未來繼續經營所需的時間，以及利用時間差讓自己處於有利地位。

而所謂的空間，是指做生意的場所，以及員工工作的場合。

先前介紹的案例，都是改變時間、空間而獲得成功。以下會具體的檢視，這些做法到底有什麼效果。

●避開競爭的效果

有句猶太古諺說：「要賣蘋果，就要去採不到蘋果的土地賣。」在物品過剩的地方賣該商品，只會被砍價。但去物資稀缺的地方販售，就可以賣高價。

舉例來說，把九州名產關鯖魚賣給當地人，或是空運到東京賣，後者才可以賣到好價錢。即使是在當地賣，也要在以觀光客為客群的餐廳提供，價格才會比較高。

也有一種戰略，是透過占據空間，讓競爭對手無法進駐。這就是本章Q5介紹的「優勢策略」。這種方法是透過占據空間，獲得未來可以維持商務的時間。

不只是空間，改變時間也可以避開競爭。本章Q2介紹的二十四小時營業的榻榻米店，就是這樣的例子。因為沒有其他競爭對手在該時段營業，所以可以獨占整個市場。

●壓低成本，增加獲利

所謂改變時間，並不單指改變時段。只要能縮短時間、改善效率，也可以降低成本。

最具代表性的，就是以縮短時間作為附加價值的服務和商品，例如電車的特急車票等。十分受歡迎、可以放入微波爐使用的矽膠鍋，也可說是使用者掏錢購買「縮短烹調時間」。而特意把工作發包到人事成本高的美國，也是為了買到效率。

不過，也有一些服務無法縮短時間，例如飛機的飛行時間。像這種狀況，就可以為空間增加附加價值以提高獲利，例如頭等艙和商務艙。其他像是電影院的特別座，或演唱會會場的特別座（S席）等，也是同樣的道理。

另外，活用閒置空間同樣可以降低成本。其中一個案例，就是廉價租車公司利用加油站的閒置空間來營業。菲律賓籍老師利用網路，遠端教授英語會話的服務，也可以想成是改變聘僱員工的空間。

像這樣，改變時間、空間，就可以減降成本，或是提高服務的附加價值。

●花時間提高商品價值

本章Q9曾介紹二手漫畫書店的案例，當熱潮出現時，就銷售價格漲幅大的庫存商品，這類商務就是採用這種思維。越陳越香、越有價值的骨董和葡萄酒，也是活用這種方法獲利。

●如何學會這種思考法？

1.去許多不同的地區旅行，看旅遊節目，讀旅遊書籍

要磨練利用空間的方法，最好的辦法就是造訪遙遠的地方。你當然可以出國，不過即使在國內，距離較遠的地方，文化和風俗也不一樣。也許你可以找到某些地區，還未曾出現你平時常用的東西或服務；或許也會在該地發現過去從未見過的便利商品。

2.找到閒置空間後，想想能做些什麼

這種訓練方式，我稱之為「《見到細秋》（按：日本童謠）練習」特別推薦給住在市中心的人。

雖然大家常會以為，都會區已經沒有什麼閒置的空間。但只要仔細觀察，還是能發現很多閒置的場所。像是客人不多的超市停車場，或是離車站較遠、日照很差等條件欠佳的地點，或是雖離車站近、卻有治安或噪音疑慮等環境惡劣的場所，以及大樓與大樓間的空間。即使是這些地方，也一定有人持有。如果能想到讓缺點轉成優勢的商業模式，也算是幫助這些持有者，並得以用好條件簽約。

所以平常走路時，養成邊走邊左顧右盼的習慣，也能浮現好創意。

3. 聽聽不同年代的人說些什麼

每個人對空間的價值觀不同。舉例來說，就算環境吵鬧一點，年輕人可能還是想住在都市蛋黃區；但高齡者或許就想住在安靜又空氣清新的地方，即使交通略微不便也無妨。

時間也一樣。時間較充裕的人，就不會為了省時而花錢。換言之，如果可以針對這類人，提供較費時、但費用較便宜的服務，說不定反而大受歡迎。

除了自身的價值觀，多去理解各式各樣的人抱持的價值觀，也是磨練思考力的必要方法。

公司裡的前輩、親戚裡的叔叔、嬸嬸等年長者，以及同公司的晚輩、年紀差距較大的兄弟姐妹、住在附近的學生等。請大家養成習慣，積極的和不同世代的人溝通。

如果你至今還不太使用社群軟體，也不妨透過臉書或ＩＧ等，多與各個世代的人交流。

第二章

配合生活型態，放大或縮小商品重量

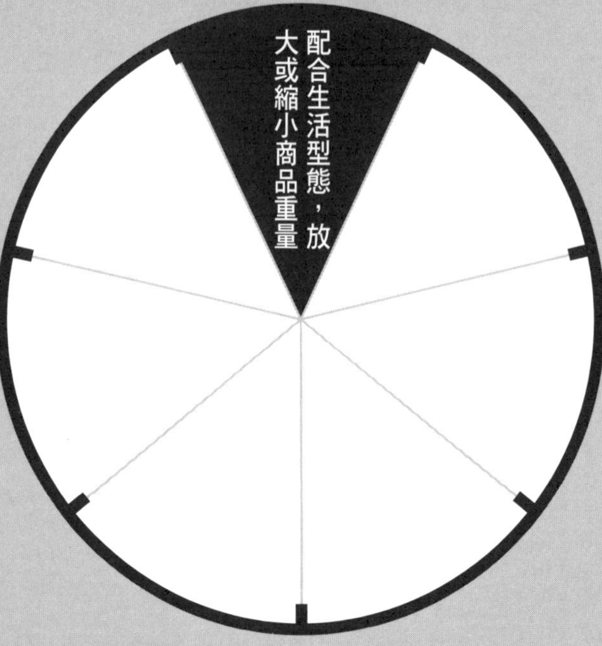

Q1 短時間內讓甜甜圈知名度大開

Q2 新瓶子裝老醬油

Q3 迴轉壽司店獲利的祕密

Q4 這樣給方便，讓這家停車場爆紅

Q5 改變分量，書再貴也有人買！

Q6 少，反而有競爭力

Q7 巧克力變小，買的人更多

Q8 大家都用導航了，誰買紙本地圖？

Q9 一樣賣米果，怎麼打敗創始店？

Q10 刻意減少功能的數位相機

Q1 短時間內讓甜甜圈知名度大開

自美國誕生的知名甜甜圈品牌「卡卡圈坊」（Krispy Kreme Doughnuts），現在在全球大受歡迎。該品牌都會在市中心和許多購物中心內展店，不過剛進軍日本市場時，可沒有如今這麼知名。

他們為了打響名氣，每次開新店鋪時，就會採用某種宣傳促銷手法。這種手法讓顧客印象深刻，並快速的讓該公司聲名大噪。請問他們用了什麼方法？

提示

他們完全沒有利用媒體。

【解答】

在商辦街區，免費發送裝了十二個甜甜圈的外帶盒。

【解說】

發送試吃品的宣傳手法早已屢見不鮮了。不過一次發一盒十二個甜甜圈，如此大手筆的宣傳促銷活動還真是少見。就算平常不喜歡拿傳單的人，看到這麼大方的試吃活動，想必即使排隊也會想搶。

他們選在中午時段發放甜甜圈。這時外出吃午餐的人，吃飽後剛好拿著甜甜圈回到公司，當然不可能自己吃光一整盒，所以自然會和公司的同事分享。

如此一來，就等於是一個人同時向十二個人宣傳，這種大手筆的宣傳促銷也因此得以回本。

還有這些類似案例：居酒屋等餐飲店的試營運

居酒屋等餐飲店，有時會在開幕前免費招待附近鄰居飲酒、享用料理。一方面店家可以藉此練習招待顧客和試營運，一方面還有另一種效果，就是讓顧客帶熟識的友人來店裡用餐，有效的讓更多人知道這家店。

Q2

新瓶子裝老醬油

日本福岡縣的福萬醬油，是老牌的醬油釀造商。一說到醬油，大家大概都會覺得這種商品已經趨近完成，沒什麼改良的空間了。可是這家老釀造廠卻透過改變容器，創造出暢銷商品。請問福萬醬油在容器上做了什麼改變？

提示

內容物還是一般的醬油，卻受到注重健康、在意鹽分攝取的顧客歡迎。

【解答】

醬油裝在小型噴霧瓶中販售。

【解說】

為什麼把醬油放在噴霧瓶中銷售，就會大受歡迎？

這是因為用噴霧瓶噴灑醬油來調味的話，就能把使用量減少到平常的三十分之一以下，可以達到減鹽的效果，所以很受重視健康的顧客歡迎。而且容器大小還方便隨身攜帶，外出用餐時也可使用，也是暢銷的理由之一。特別是對於高血壓等必須注重鹽分攝取的人來說，如果不能在外食時使用，就沒什麼意義了。把容器縮小，便於攜帶，也是暢銷的主因。

福萬醬油還改良了醬油本身，推出了無鹽醬油。

還有這些類似案例：容量不到五百毫升的小型寶特瓶

現在這種小容量的寶特瓶飲料已經隨處可見。不過，早年有附蓋子的小型寶特瓶可是革命性的發明，讓飲料更便於攜帶。不知不覺中，它也改變了我們的生活型態。

Q3 迴轉壽司店獲利的祕密

壽司店往往給人十分高級的印象，但隨著迴轉壽司店出現，壽司進而成了平價美食，一般民眾都可輕鬆品嚐。特別是每盤均一價的迴轉壽司連鎖店，剛出現時更是大受歡迎。

這種迴轉壽司連鎖店為了維持低廉價格，必須讓某種顧客上門光顧，所以很多店家會為此絞盡腦汁。這類顧客到底是誰？

提示

請各位思考一下，菜單的食材在成本中的占比。

【解答】

小孩子。

【解說】

平常我們經常吃每盤均一價的迴轉壽司，但仔細想想，你會不會覺得有什麼地方很奇怪？沒錯，壽司的種類繁多，其實每一樣食材的成本都不一樣，售價也應該依據成本高低而不同。一般來說，迴轉壽司的食材，在成本中的平均占比為四〇％至五〇％；但是例如海膽和鮪魚等食材，在成本中的占比高達七〇％。此外，成本中還包含人事費用和水電瓦斯費，所以這種食材的成本占比根本不合理。為什麼迴轉壽司店不會因此關門大吉？

這是因為如雞蛋或水煮鮪魚等食材，在成本中的占比只有二〇％左右。這些產品和海膽、鮪魚等高成本商品一起銷售，店家才能維持合理的利潤。

再者，大都是小孩子會喜歡這些成本較低的商品。換句話說，如果不能吸引孩童上門，就沒辦法以均一價提供種類繁多的壽司。

還有這些類似案例：日本百圓均一價商店

日本百圓均一價商店裡的品項繁多，這也是為了取得成本上的平衡。其中有些商品的成本占比接近九〇％，如果顧客只買這類商品，店家很快就會倒閉。

Q4

這樣給方便，讓這家停車場爆紅

在某家托兒所附近，有A和B兩家計時收費停車場，經常利用的顧客是來接送小孩的家長。兩個停車場無論是距離托兒所的距離，或是停車的容易程度都差不多。而且停車費用同樣是一小時四百日圓，當然利用的人數也幾乎相同。

但從某個時候開始，A停車場變得冷冷清清、沒什麼來客，而B停車場總是車滿為患。請問B停車場做了什麼事，讓大家都願意到這裡停車？

提示

請各位別依靠提示，自己動腦想一想。

【解答】

停車計費方式從六十分鐘四百日圓，改為十五分鐘一百日圓。

【解說】

對於停車場的主要顧客——家長們來說，只是到托兒所接送一下小孩，沒有必要停滿六十分鐘。而對停車場經營者來說，以十五分鐘為單位計算停車費，也有助於提高周轉率、增加收益。

還有這些類似案例：共享汽車

只是「想用一下車子，卻又沒必要長時間租車」，為因應這種需求，共享汽車便應運而生。想用車的時候就來借，不想用時就歸還，這種便利性讓共享汽車服務的市占率迅速成長。

Q5 改變分量，書再貴也有人買！

商品售價都有所謂的行情。舉例來說，一輛汽車大約是一百多萬日圓，衣服再貴也不過幾萬日圓，而食品大約是幾百日圓左右。

那麼書籍呢？包含本書在內，一般書籍定價大約落在一千到兩千日圓之間（按：約新臺幣兩百二十元至四百四十元）。但是在書店裡，定價五萬到十萬日圓的書籍卻供不應求。而且不僅僅是一部分的有錢人，各個年齡層都有人買這種書。這麼貴的書，到底是怎麼賣出去的？

提示

不是在特別的書店，正因為是在一般書店才賣得出去。

【解答】

將單一主題分冊銷售。

【解說】

這類書籍一般稱為「分冊百科雜誌」（part work），是起源自義大利的「DeAgostini」公司。該公司將百科全書分冊後，定期出刊。

現在的分冊百科雜誌種類繁多，從美術與建築、自然等的解說書，到組裝每期雜誌的附錄部分後，就可以完成正規模型的類型都有。

一般人很難下定決心購買所謂的〇〇百科這類，高單價的書籍和精緻模型。

當然，分冊百科雜誌每一期的發行量，也會隨著發行時間而減少。不過因為有一貫的主題，真正喜歡的讀者還是會每一冊都買。

雖然是高價商品，但透過分割銷售、降低購買者的門檻，也可說是成功的銷售戰略。

還有這些類似案例：五百色的彩色鉛筆

網購平臺芬里希夢（FELISSIMO）曾推出要價四萬日圓，總共五百色的彩色鉛筆，結果成為暢銷商品。它的銷售方式，也是每個月寄給客戶二十五種顏色（兩千日圓），連續寄送二十個月。

Q6 少，反而有競爭力

經營黑貓宅急便的，便是雅瑪多運輸公司。在個人消費者的少量貨物配送領域中，這項服務已經不可或缺了。

可是，當雅瑪多運輸進軍少量貨物宅配市場時，大家普遍認為配送少量貨物很麻煩，而且不敷成本。然而，當時的社長小倉昌男卻發現了一件事，讓他深信這種配送事業一定會成功。他到底發現了什麼事？

提示

他對「不敷成本」存疑。

【解答】

少量貨物的單價比較高。

【解說】

雅瑪多運輸創立於一九一九年，當時是以車輛運輸公司起家。之後隨著高速公路道路網成型，各大運輸業者紛紛搶進長途貨運市場。雅瑪多運輸也一樣，可是它的起步卻比別人慢。

要進入一個其他公司已經入主的成熟市場搶別人生意，並不簡單。後進的業者就算搶下來了，也會被要求降價。因此，當時剛就任社長的小倉昌男決定轉換跑道，進軍少量貨物的宅配市場。

當時的物流業界普遍認為，一次運送大量貨物才算是合理。但小倉昌男深信：「少量貨物每公斤的運費單價較高，只要處理大量的件數，收入就會增多。」因而開啟了宅急便事業。

包含運送業在內，拆分商品和服務，雖然要花更多手續，卻可以設定較高的單價。

還有這些類似案例：迷你倉（自助儲物空間）

所謂的迷你倉，就是讓消費者存放平常很少用到的東西，或是家裡放不下的書籍和嗜好收藏。這個行業的特徵，就是很多營運迷你倉服務的公司，原本都在經營供企業使用的大倉庫。

Q7 巧克力變小，買的人更多

松尾滋露巧克力（TIROL CHOCOLATE）口味眾多，深受大眾喜愛。它受歡迎的祕密，就在於大家十分熟悉的可愛四角形設計。不過，其實松尾巧克力的形狀，原本是三個正方形相連的長方形巧克力。

以某件事為契機，讓這種巧克力變成了小巧的正方形。請問改變的契機是什麼？

提示

雖然是小孩子吃的甜點，理由卻和大人的世界有關。

【解答】

因為石油危機，不得不漲價。

【解說】

松尾滋露巧克力問世時，形狀是三個正方形連在一起的長方形，價格是十日圓。然而，石油危機讓原材料價格暴漲，商品因此不得不漲到二十日圓，之後更漲到三十日圓。可是松尾滋露巧克力的商品概念，是用便宜的十日圓價格，把當時還是很昂貴的巧克力提供給小孩子吃。所以製造商就將相連的三個正方形巧克力，分割成三塊，每塊售價回歸十日圓。

把商品縮小，讓大多數人都能輕鬆購買，商品因而更受歡迎，成為消費者必備的零食。

重點是漲到三十日圓後，松尾滋露巧克力就沒有再實質的漲價或降價了。正因為注意到小孩子的零用錢金額，站在顧客的立場縮小商品尺寸，才得以免於捲入價格戰，被市場接受（按：二〇二二年八月調整為二十三日圓，與上一次調價相隔二十九年）。

還有這些類似案例：各公司因應消費稅增稅的對策

隨著二〇一四年四月消費稅增稅，各家公司意識到顧客的購買意願可能會降低，紛紛採行對策：「維持價格但減少內容量」、「加上新的附加價值以漲價」、「內容量和價格都不變」。思考一下為什麼這些公司要採取上述對策，也是很好的訓練。

Q8 大家都用導航了，誰買紙本地圖？

善鄰（Zenrin）株式會社是公認的住宅地圖（按：標註各間建物名稱和居住者名稱的地圖）之王。繪製地圖的事業，要花費龐大的成本與時間，所以新公司很難投入這個領域。

善鄰於一九四八年在九州的大分縣別府市創業，那個年代沒有人造衛星，如果要繪製地圖，就只能跑遍全日本。

善鄰株式會社為什麼要從事這麼麻煩的事業？提示就在於創業當時的商品。

請問善鄰株式會社創業當時，製造的是什麼產品？

提示

和地圖一樣，都是用紙張構成的。

【解答】

別府市的觀光宣傳手冊。

【解說】

善鄰公司的前身是善鄰出版社，業務內容是編製大分縣的觀光宣傳手冊。該觀光手冊最後附的別府市地圖十分受歡迎，所以該公司就將業務內容，從編製觀光宣傳手冊，轉變成製作住宅地圖。之後地圖繪製得越來越詳細，除了一般民眾之外，連宅配公司也開始使用該公司的地圖，需求因而大漲。其後該公司慢慢擴大地圖涵蓋範圍，最後完成了全日本的住宅地圖。

除了紙本地圖之外，該公司也充分活用累積至今的資訊，提供給汽車導航資料庫、智慧型手機導航App等。像這種必須經過一段時間累積的事業模式，新公司很難進入，因此只要成功，就可以取得很高的市占率。

還有這些類似案例：亞馬遜（Amazon）的商業模式

亞馬遜首先透過銷售書籍，獲得一定程度的市占率後，再慢慢增加商品種類到CD和DVD，甚至是音樂播放器、家電、生活雜貨等。從小做起，然後逐步擴大，個人事業也可以運用這種方式。

Q9 一樣賣米果，怎麼打敗創始店？

日本具代表性的零嘴就是柿種米果。它原本是形狀類似小判（按：江戶時代使用的金幣，形狀為長橢圓形）的仙貝，可是大正時代浪花屋製菓的創業者今井與三郎的妻子，不小心踩壞了模具，結果他們不得不用變形的模具，開始生產歪斜古金幣形狀的米菓。結果，有一位熟客說：「這哪裡是小判形狀，是柿種吧。」浪花屋製菓因此決定用柿種作為商品名稱。

現在柿種米菓業界，市占率最高的是位於新潟的龜田製菓。他們用了一點巧思，成功超越元祖的浪花屋製菓，成為業界龍頭。請問他們想到什麼巧思？

提示

現在許多零食公司都會用這種方法。

【解答】

分裝在小袋子中銷售。

【解說】

柿種米菓原本是裝在罐子裡銷售，但一九七七年龜田製菓推出小袋裝的柿種米果後，一炮而紅。

乍看之下大包裝好像很便宜，但缺點是米菓吃不完的話，會受潮而變軟，或跟空氣接觸後氧化、味道變差。而且小家庭日益增多，也是小袋裝柿種米果受歡迎的原因之一。因為迎合了消費者心理和社會潮流，推出小袋裝的商品，使得龜田製菓成功擴大柿種米果的市占率。

還有這些類似案例：資訊科技企業提供的雲端服務

將過去以企業為客戶的超強功能、服務，分割後以便宜的價格提供個人用戶使用。原本侷限於部分顧客的高價服務，分割後出售的話，說不定可以拓展客層。

Q10 刻意減少功能的數位相機

數位相機市場受到智慧型手機搭配相機功能的影響，市場越來越小。根據日本當時相機影像機器工業會資料顯示，二〇一二年的數位相機出貨量，比前一年度減少一五％，二〇一三年更少了一七・六％，市場持續萎縮。

後來的數位相機不斷提升性能，如配備高倍率的縮放功能、提高畫質等，但仍比不上單眼相機或輕巧的微單眼相機。在這樣的時代中，卻有一群愛好者默默守著降低畫質和功能，但加上其他附加價值的數位相機。為什麼降低畫質還依舊銷售得出去？

提示

你拍了照片後，接下來會怎麼做？

【解答】

因為想把拍的照片和影片，上傳到社群媒體。

【解說】

將照片上傳網路時，如果畫質太高，會很花時間，甚至可能因為檔案太大而無法發文。也一定有人會想：「那就用手機拍照、上傳，不就好了？」可是有些時候就是做不到，例如戶外活動時的拍照需求。也有越來越多人，喜歡把從事戶外活動時拍的照片和影片，上傳社群媒體。可是如果活動時用手機拍照，摔壞或故障的風險很高。

這類相機可以安裝在安全帽上，從事單板滑雪或騎登山越野車等活動時，一邊玩一邊拍，而且功能也專注於廣角鏡頭和相片、錄影功能，移除了螢幕和縮放等功能，因而大受歡迎。而且這種相機很輕，就算不小心掉了，也不會因為機身的重量而摔壞。

還有這些類似案例：蘋果的iPod nano

當年蘋果公司發表iPod後，也持續推動小型輕量化，進而發售大小只有幾公分的四方形iPod nano。這也是順應有些使用者想要一邊慢跑、一邊聽音樂的需求。正因為是已充分開發的領域，才擁有這類商機。

第二章　總整理

●放大或縮小商品重量指的是？

其實就如同字面，是指改變商品的大小或重量。

隨著社會情勢和生活型態的變化，消費者想要的包裝尺寸和服務內容也經常改變。最簡單的例子，就是因為核心家庭和晚婚的趨勢，每個家庭的人口數都減少了。

家庭人口數減少，就表示大包裝商品越來越難銷售。本章Q9介紹的柿種米果小袋包裝，可說是完美掌握了生活型態變化的改良。

●「大漁旗戰略」一眼就能讓人看見特徵，富有視覺衝擊效果

改變大小最主要的優勢是什麼？就是一眼就能看到商品的特徵，我稱之為「大漁旗戰略」（按：在日本，出海捕魚的漁船如果大豐收，回港時就會在船上懸掛大漁旗）。餐飲店的超大分量菜色，就像是大漁旗一樣，既有視覺衝擊效果，又出乎意料之外，是很好的宣傳方式。

卡卡圈坊免費發送一盒十二個甜甜圈，也是成功運用這種手法，以視覺衝擊效果提升了消費者的認知度。反之，將商品縮小，強調的特徵就是「原本無法攜帶的商品，現在可以帶出門了」。

特別是小型化的需求，是每個時代的消費者都期盼的，因此隨著技術革新，許多商品也都縮小以方便攜帶。像是可以把音樂帶著走的隨身聽；能把電話拿出門、可以隨身攜帶的手機；不帶水壺、也可以隨時喝飲料的小型寶特瓶等，我們身邊有許多商品，都是因為變小之後成為暢銷商品。

電腦也是一樣，現在的主流是可以隨身攜帶的機種，如平板電腦等。可是在五十多年前，電腦需要一整個房間才裝得下，根本沒有人想過有一天可以隨身攜帶。

大家不妨思考一下，現在體積龐大的商品，如何才能進一步縮小，這是打破常識的絕佳訓練。

「我想試用看看，可是用不了那麼多啊……」，想必大家都曾經浮現這種念頭。

●更容易送到消費者手中的「墊腳石戰略」

除了物理上的大小之外，最近也常看到一些成功案例，是將時間和功能細分化後壓低價格，以順應這種需求。就拿我們身邊的例子來說，像是醬汁或醬油等調味料，推出小瓶裝或一次一包的小包裝，讓消費者可以在有效期限內用完，就可以吸引獨居者購買。我稱這種手法為「墊腳石戰略」。

先前介紹的個人雲端服務與共享汽車就是如此。雲端服務為了方便個人使用，就將高階功能細分化，讓大多數人使用。共享汽車則是掌握潛在需求——「去買點東西或接送小孩時，想租車使用」，不斷擴大市占率。

這種方法還有一個特徵，就是比起大包裝販售，小包裝更能以高單價售出。

而且分割高價的商品後，也能讓更多人購買，分冊百科雜誌就是很好的例子。

●把整個商品陣容想成單一商品

每盤一百日圓均一價的迴轉壽司以及百圓均一價商店，可說是把整個商品陣容都想成是單一商品。換言之，這種做法就是把成本較高、較難進貨的商品，當成吸睛的焦點商品、吸引顧客上門，並讓顧客同時購買成本率較低的商品，藉此平均成本率。

如果以個別商品來計算利潤，進貨的商品就有限。但把所有商品視為一個整體陣容的話，就可以用更宏觀的視角，讓品項更為豐富。

●如何學會這種思考法？

1. 多閱讀報章雜誌

前面曾提過，社會環境和流行，會大幅左右消費者對於商品包裝、大小的需求。要想敏銳察覺這種變化，並活用在商務中，就必須磨練自己觀察時代的眼光。我建議大家，除了經常看看對流行很敏感的電視與報章雜誌等媒體之外，也要多觀察身邊的人事物，如路上行人的行動與服裝、跟誰一起出門等。

2. 透過各種人物的觀點思考事物

人們難免會以自己為中心去思考事物，但消費者的生活型態千變萬化。要孕育新商務的創意想法，重要的是站在他人的立場，想像一下生活模式和自己截然不同的人，都過著什麼樣的日子。和家人同住的人，不妨想像一下獨居者的生活；如果是年輕人，就想想中高齡者會有什麼樣的嗜好。

3. 不僅考慮消費者，也要考慮賣方

若是在製造廠商工作、平常不會在店裡接待消費者的人，特別需要培養這種思維。

要是對零售的趨勢不夠敏感，那麼原本有潛力的商品，也可能銷售不出去。

這是業界知名的小故事。Q7提到的松尾滋露巧克力，曾經為了在便利超商上架而改變巧克力本身的大小，調整為可以印上條碼的尺寸。廠商雖然為此耗費龐大投資、更新產品生產線，但營收也因此大幅成長。

大家可以比較一下百貨公司、超市、便利商店、家居用品店、折扣商店等各種店鋪，就會發現同樣商品會以不同的包裝大小，在各個通路銷售。請大家不妨養成習慣，思考一下為什麼該商品在這個通路、要以這種尺寸來販售。

第三章

沒人規定，生意大小事都得自己來

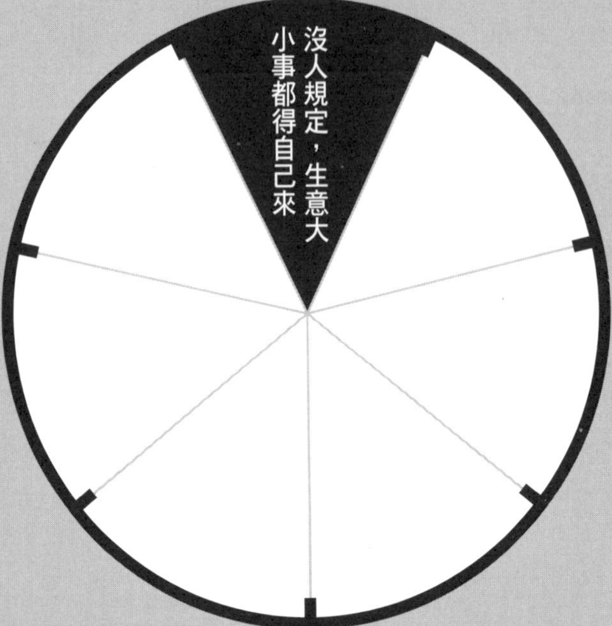

Q1 如何吸引不會用電腦的長者網購？

Q2 沒口碑的小品牌，如何進駐強通路？

Q3 銷售一種肉眼看不見的東西

Q4 小小熱狗店，成長為世界連鎖店

Q5 這筆生意壯大了微軟，卻讓比爾・蓋茲後悔不已

Q6 把試吃攤設在客戶辦公室

Q7 你的過時技術，卻是我的嶄新科技

Q8 後發品牌如何搶占權威？

Q9 租不起保險箱，誰替我保管珍奇異寶！

Q10 7-ELEVEN 把一天的貨車需求，由七十輛降至九輛？

Q1 如何吸引不會用電腦的長者網購？

日本有一家「Oisix」公司，是透過網路銷售高品質的新鮮有機蔬菜。

該公司的商品，以重視食品安全、希望吃得安心的年輕主婦客群為主，十分受歡迎。不過，後來它的人氣已擴散到不熟悉電腦的高齡者了。

受歡迎的祕密就在於嶄新的創意，他們把既有的基礎設備，活用在廣告宣傳和商品配送。請問，該公司活用了什麼既有的基礎設備？

提示

在昭和時代（按：一九二六年至一九八九年），許多家庭都在利用。

【解答】

將發送廣告傳單、接單、配送等業務，委託給牛乳宅配業者。

【解說】

網購公司和牛乳宅配業者的組合，還真是出乎意料之外吧。

網購最大的問題，就在於雖然具備潛在的需求，卻無法吸引不會用電腦的高齡客層。而牛乳宅配業，則苦於顧客高齡化導致需求減少。

「Oisix」注意到這一點。高齡者明明對商品有需求，網購公司卻無法拓展該客層；而牛乳宅配業者擁有高齡者顧客以及宅配的基礎設備，卻無法提升營收，正在摸索新的獲利來源。因此雙方只要互通有無，互相交流彼此的商品和基礎設備，就可以開拓新顧客與服務，讓雙方的營收成長。

還有這些類似案例：桶裝瓦斯公司宅配水的服務

桶裝瓦斯公司因為都市瓦斯管線化普及，工作量減少，於是提供飲水機的公司就委託他們宅配桶裝水。這個案例，就是水公司花錢，借用桶裝瓦斯公司搬運重物的技術、經驗和路線。

Q2 沒口碑的小品牌，如何進駐強通路？

這個故事的主角，是被譽為本田宗一郎名參謀的藤澤武夫。他從本田汽車創業時就支持著這家公司，曾經擔任副社長和最高顧問。

當推出知名的本田小狼機車時，藤澤武夫打算透過全日本五萬家以上的自行車行來銷售。他寄信給各車行，結果收到三萬封以上的回信。

當時本田汽車資金不足，藤澤武夫拜託車行，希望他們預付車款，因此成功籌措到資金。不過，當時的本田只是小車廠，要想獲得車行信任，可謂難如登天。

藤澤武夫如何獲得車行的信任？

提示

他借用了某個組織的力量。

【解答】

他拜託銀行，用分行行長的名義寄信：「請匯款到本行。」

【解說】

沒有店家會為了沒見過的商品，預付商品貨款給一家名不見經傳的業者。可是如果沒有資金，就無法把本田小狼機車出貨給多家銷售車行。因此，藤澤武夫想到一個方法，就是借用銀行的信用。

以銷售車行來說，收到銀行的來信，便會覺得銀行好像是本田汽車的後盾一樣，進而連帶的信任本田汽車。

還有這些類似案例：宣傳文案「某某名人也愛用」

利用「專業人士愛用」、「名人○○也是愛用者」等標語，是為了增加消費者對商品的信任度常用的方法。這是讓肉眼看不到的「信用」顯而易見的方法之一。

Q3 銷售一種肉眼看不見的東西

二〇一二年，東京車站丸之內站體的建築修復工程終於完工，重現了創業當時的復古建築風華，因而大受歡迎。

這個浩大的修復工程耗時五年，當然也花了很多錢。管理車站的ＪＲ東日本公司為了籌措修復費用，銷售了肉眼看不到的商品。請問他們銷售的是什麼？

提示

購買者是開發東京車站周邊的業者。

【解答】

東京車站的空中權（air right）。

【解說】

容積率是蓋房子時的基準之一。簡單來說，就是建物樓地板總面積，除以占地面積的比率。

東京車站是三層樓建築（部分區域為四層樓）。其實根據建築基準法規定，東京車站所在地可以蓋十層樓左右的建築。所以JR東日本公司就把東京車站正上方的空間，也就是剩餘的容積率，以約五百億日圓的價格，賣給了車站周邊開發中的六幢大樓。

二〇一三年開業，由日本郵政經營的「KITTE」商業設施所在的JP塔，也是購買東京車站容積率的大樓之一。聽說JR東日本公司就靠著這筆錢，幾乎支付了所有的修復費用。

還有這些類似案例：有效利用平面停車場的容積

有企業向東京都心停車場的持有者提案，建議利用停車場正上方的空間建造出租辦公室，以增加收益。有效利用空間，既可以讓持有者增加收益，提案的企業也可以因此降低取得土地的成本。

Q4 小小熱狗店，成長為世界連鎖店

一九一六年，有一家熱狗店在美國康尼島開業了。這家店的熱狗售價約為市場行情的半價，也就是五美分。價格這麼低廉，商品卻賣不出去。

儘管熱狗本身真材實料，可是因為太便宜，反而讓消費者心生疑慮。店主認為「只要強調安全性，一定會暢銷」，於是就安排暗樁，讓他們穿著某種服飾在店裡吃熱狗，結果這家店瞬間爆紅。請問，店主讓暗樁做了什麼樣的裝扮？

提示

如果是在今天的社會做這種事，一定會被罵翻。

【解答】

讓暗椿裝扮成醫生。

【解說】

這家店，其實就是從美國起家的熱狗連鎖店「那桑斯熱狗」（Nathan's Famous）」。他們也主辦美國熱狗大胃王比賽，這個比賽因為連續數屆都由日本人奪下冠軍，而使得該品牌在日本聲名大噪。

創始人那桑斯．韓德沃克（Nathan Handwerker），以妻子伊妲（Ida）構思的食譜，創立了價格五美分的便宜熱狗店。

不過，當時的熱狗沒有食材相關規範，各商家使用各式各樣的肉類製作，其中有些店家用的肉類甚至不適合食用，所以無法讓消費者放心。

因此那桑斯從醫院借來醫師白袍和聽診器，讓暗椿穿上以後在店裡吃熱狗。

結果消費者都覺得「連醫師都在吃，可以安心」，因而爆紅。在現代的社會，絕對無法實現這個創意。

還有這些類似案例：現在如何實現那桑斯的創意？

如果你想做相同效果的宣傳，只要花點巧思就好。例如，可以發折價券給醫院的醫師，告訴他們：「穿著白袍來店消費就免費！」

Q5 這筆生意壯大了微軟，卻讓比爾・蓋茲後悔不已

這是發生在比爾・蓋茲二十五歲時的事。那時候微軟只是一家小公司，員工僅有三十二位。

當時，開發程式語言的微軟，拿下了製造企業用大型電腦的大公司ＩＢＭ的訂單，不只受委託開發個人電腦用的程式語言，甚至還成功拿下以往微軟完全外行的作業系統（ＯＳ）開發工作。可是當時的微軟根本沒有開發能力，可以趕上ＩＢＭ要求的交期。請問，微軟最後是如何交貨的？

提示

如果你手上的東西不夠，會怎麼辦？

【解答】

向開發作業系統的企業購買系統，然後直接轉手交貨給ＩＢＭ。

【解說】

成功搶下開發程式語言的合約時，比爾・蓋茲聽ＩＢＭ的負責窗口說「我們還沒決定要委託誰開發作業系統」，便決定繼續交涉。結果，他也成功拿下作業系統的開發合約。可是當時的微軟，根本沒有餘裕開發。

於是比爾・蓋茲就在未告知已與ＩＢＭ簽約之下，向開發作業系統的西雅圖電腦產品公司（Seattle Computer Products）購買，然後轉手交貨給ＩＢＭ。

微軟也以這個合約為契機，踏上了躋身全球大企業之路。

順帶一提，比爾・蓋茲曾在他的著作中表示，很後悔在隱瞞自己手中有IBM合約的情況下，購買了作業系統。

還有這些類似案例：收購企業部門

我們常聽到新聞報導收購整家企業的消息，其實也有很多案例是只收購特定部門。先前索尼（SONY）把電腦相關業務出售給其他公司，就曾蔚為話題。

Q6 把試吃攤設在客戶辦公室

格力高（Glico）在日本的首都區，推出「辦公室格力高」（Office Glico）服務，是在企業的辦公室內，放一個附收款箱的零食櫃，顧客只要投入一百日圓，就可以自行拿取櫃中的零食（按：現在也新增了手機支付服務）。

這種發想的源頭，就是農民的路邊無人銷售方式，但特別的是格力高的員工會去拜訪企業，補充商品並回收費用。

格力高因為推出這項服務，成功的讓原本不常買零食的男性上班族，也成為了顧客。除了能貢獻營收之外，這項服務還有一個很大的優點。請問，這個優點是什麼？

提示

重點就在於員工會親自去客戶的企業。

【解答】

可直接聽取顧客對於服務的意見，反應在行銷活動中。

【解說】

不具備零售能力的製造商，通常沒什麼機會直接聆聽消費者的意見和需求。

「辦公室格力高」的負責員工，會去客戶公司補貨並回收費用，這樣的系統創造出直接和使用者對話的機會，因此可以直接聽到他們的第一手意見，例如「我想要這種商品」、「這種時候，我就想吃這個」等。

而且「辦公室格力高」的零食包裝小巧，可以降低購買門檻，也有助於在新商品問世時，讓使用者萌生「試吃看看」的念頭。

換個角度來說，這也可說是格力高向企業借場地，設置試吃攤位一樣。更驚人的是，零食費用的回收率還高達九五％。

還有這些類似案例：「富山賣藥郎」的先使用後付款

如先前所述，「辦公室格力高」服務的發想，是源自農民的路邊無人銷售方式。不過，以結果來說，這種服務和富山賣藥郎的商業模式極為類似，就是先把藥盒放在顧客家中，然後定期去拜訪、補貨，並收取已使用的藥品的費用（按：臺灣早期也有寄藥包的服務）。

Q7 你的過時技術，卻是我的嶄新科技

最近玩具店裡陳列著，尺寸小得令人驚訝的遙控直升機。甚至有金氏世界紀錄認證的最輕型遙控直升機，重量僅約十公克。

遙控直升機除了塑膠機身和螺旋槳之外，還必須裝上電池和馬達，讓螺旋槳轉動。要使遙控直升機輕量化，就必須減少電子機械的重量。其實我們常用的現有技術，便成功的解決了重量問題。請問，是什麼樣的技術？

提示

因為是玩具直升機，不會使用太昂貴的科技，是十分普及的技術。

【解答】

手機的技術。

【解說】

其實，小型遙控直升機採用了手機的技術。電池用的是充電式鋰離子聚合物電池；而讓螺旋槳轉動的，則是震動功能使用的小型馬達。

說到手機的技術，大家常以為是部分資訊科技公司獨占的尖端技術，可是隨著更新的技術陸續問世，如果是舊有的技術，只要花低廉的成本即可採用。

還有這些類似案例：阿Q迴力車的發條

前言提到的阿Q迴力車，使用的發條是原本製造鐘錶發條的公司製作的。精密機械的技術和玩具結合，各位不覺得很出乎意料之外嗎？

Q8 後發品牌如何搶占權威？

日本到處都有拉麵店。不論是個人經營的店家或是連鎖店，大多數拉麵店都努力追求更上一層的美味，而且類型也分為很多種。要在這樣的業界提升知名度，真的是困難重重。

後發的某拉麵連鎖店雖然在味道方面獲得好評，卻因遲遲無法提升知名度而煩惱不已。為了提高名氣和消費者心中的印象，拓展市占率，獲得業界權威的地位，如果你是該公司的行銷負責人，會怎麼做？

提示

關鍵就在於「權威」這個詞。

【解答】

舉辦「日本拉麵大賞」，表揚受歡迎的拉麵店家。

【解說】

要在業界獲得認可，必須付出相當的時間和勞力。但有個方法可以讓自己聲名大噪，就是表揚在業界已確立一定地位的公司。

儘管獲得別人的好評很難，但我們可以反過來評價別人。此外，以顧客等一般社會大眾的角度來看，會覺得評價別人的團體，就是業內權威。當然，給出評價的團體本身的商品與服務，也要有一定的品質。只要能克服這一點，成立獎項不僅媒體會報導，更可能獲得一般社會大眾一定的好評。

還有這些類似案例：流行語大賞與最佳牛仔褲獎

流行語大賞的主辦單位——自由國民社出版社，也出版了《現代用語的基礎知識》這本書。而最佳牛仔褲獎的主辦單位，則是業界團體日本牛仔褲協議會，他們為了讓社會大眾了解牛仔褲的好處，而成立了該獎項。

Q9

租不起保險箱，誰替我保管珍奇異寶！

某位男性邀請鑑定專家，來鑑定雙親遺留的掛軸，結果發現竟然是極為珍貴的骨董。他原本就容易擔憂，現在更深怕掛軸被偷或破損，煩惱得連覺都睡不好。因為掛軸是雙親遺留的物品，他也不能輕易賣掉。

他左思右想，打算租銀行保險箱來存放掛軸，可是後來發現租借費用很貴，只得放棄。各位不妨想一想，有沒有什麼不花錢的方法，可以幫他保管珍寶？

提示

受託保管的單位，可是笑得合不攏嘴。

【解答】

免費借給美術館展示。

【解說】

美術館購買展品的預算有限。若是跟其他美術館借展品，也得要花錢。如果是經常展出掛軸的美術館，應該會很樂意幫他保管。而這位男性的目的就是確保掛軸安全，所以雙方的利害關係一致。

像這樣的交換，在演藝界十分常見。比方說名人出席慈善活動，活動主辦方可以收到捐款，而名人則可以提高社會大眾對自己的好感度。此外，例如為了宣傳電影，演員們願意免費上節目，這也是雙方利害關係一致的例子。

還有這些類似案例：熊本熊

大受歡迎的熊本縣吉祥物「熊本熊」，之所以可以紅遍半邊天，就是因為只要取得熊本縣的許可，任何人都能免費使用。這也是期盼宣傳熊本縣的縣政府，與想藉由吉祥物衝刺營收的企業之間，利害關係一致的緣故。

Q10　7-ELEVEN把一天的貨車需求，由七十輛降至九輛？

7-ELEVEN銷售的商品種類繁多。門市剛創業時，在一天的營業時間內，總共需要動用七十輛貨車補貨。當時的營業時間是上午七點到晚上十一點，共十六個小時。單純計算的話，每一個小時就會來四輛以上的貨車，等於每十五分鐘就要送一次貨，這個數字真是驚人。

可是現在一家7-ELEVEN門市，一天只會來九輛貨車。得以大幅提升效率，背後其實隱藏著社長鈴木敏文的創意。請問，這項創意是什麼？也請大家想一想，創業當時為什麼一天需要動用七十輛貨車。

提示

之所以需要大量貨車，是廠商造成的。

【解答】

由各家廠商各別配送，改成共同配送。

【解說】

當時的7-ELEVEN，光是牛乳這一項，就有好幾家供應商，各自配送自家的商品。這種情形當然不只有牛乳而已，於是店門口總是擠滿貨車。不管怎麼想，都很沒有效率。

因此鈴木社長就向各供應商的負責人提案，建議劃分區域，混雜他社的商品來配送，不要再單打獨鬥。一開始當然吃了閉門羹，因為廠商都認為：「太荒謬了，我們為什麼要幫其他公司載貨！」

但鈴木社長很有耐心的勸說：「如果是牛乳稀缺的時代，門市只要獨占一家廠商的商品上架就夠了。可是現在時代已經變了。與其只上架一家公司的商品，不如上架各家公司的商品，增加來客數量，商品也賣得出去。」在他不斷的勸說下，廠商終於點頭同意，實現了共同配送。

還有這些類似案例：拉麵博物館和餃子競技場

這些商業設施裡，不單只有一家名店，而是齊聚了許多知名的競爭同業，藉此招攬顧客。雖然進駐的商家彼此都是競爭對手，但也因此發揮了擁有各種特色的名店相乘的效應，各店家的營收也因此水漲船高。

第三章　總整理

●借用其他公司的力量是指？

沒有人規定「做生意大小事都得自己來」。自家公司欠缺的技術或基礎設施、賣場，就向擁有的公司借用即可。而且如同本章介紹的，有許多案例是在商界借用無形的「信用」而成功。

雖說是借用，其實內容也是五花八門。

或許你也可以反向思考，例如開創一個事業，把自家公司擁有的技術和基礎設施、信用等資產，出借給別人使用，以創造收益。

●創業或成立新事業變得更容易

一般人都以為，創業或成立新事業時，就必須投資設備或基礎設施。當然，很多時候的確必須投資，但也不是所有案例都要巨額投資。原因在於，或許有些公司已經擁有你需要的設備或基礎設施，而且他們自己剛好也用不到。只要你能找到這樣的對象，向他們租借你需要的東西，就能更容易的創業了。

本章介紹的網購公司與牛乳宅配業者合作的案例，還有第一章介紹的超便宜租車事業，就屬於這一類。如果你或你的公司因為成本問題，決定放棄新事業，建議不妨先找找是否有利害一致的公司。

●可拓展銷售通路

如果能借用場所，就可以拓展銷展通路。舉辦活動時，現場各式各樣的餐車就是很好的例子。

前面介紹的「辦公室格力高」服務，也是借用各企業辦公室內的空間，確保做生意的場地。富山賣藥郎的先用後付款，也可以想成是借用各家庭的櫥櫃，經營無人藥局。

●借用別人的信用，可以讓自家公司更有底氣

例如剛創業不久的新公司，或市占率較小的商品、剛推出的新服務等，如果必須獲得顧客信任，可以設法借用比自家公司更大的企業或名人等的信用，獲得飛躍性成長的機會。

此外，成立獎項等方法，可以從被評價的一方，搖身一變成為評價別人的一方，就是借用「權威」之力，提升自家品牌地位。

●利用不同領域的技術，改良自家公司的商品

本章介紹的案例包括，超小型遙控直升機利用手機的技術，以及阿Q迴力車的發條利用鐘錶發條的技術。在某個領域中雖然已是即將淘汰的技術，卻可能在其他領域催生創新商品。

為改良商品而苦惱的人，不妨思考一下能否利用其他領域的技術。

●出借自己用不到的資產，創造大筆獲利

ＪＲ東日本出售東京車站用不到的「容積率」，籌措施工費用的案例，真是令人吃驚。但還有更大規模的例子，像是國與國之間的二氧化碳排放權交易等。

如果舉身邊的例子，市區大量的計時停車場，其實就是在活用閒置土地，這也是善用未妥善運用的資產的好方法。

●時代改變，強項也可能反轉

或許有些讀者會想：「我們公司沒有什麼資產可以出借」、「我們想向某家公司借用基礎設施做生意，可是對方業績很好，很難借到。」

然而，企業的強弱其實有可能在瞬間反轉。例如業績很好的家電廠商，為了增產而建造大工廠，結果遇到景氣急速惡化，反而背了一屁股債，這種案例其實很多。當遇上這種情況，即使是向大企業租借，或許也有可能以低廉的價格借到工廠。

即便現在很困難，但只要持續累積創意，說不定輪到你大展身手的時機，有一天就會造訪。

●如何學會這種思考法？

1. 找到利害關係一致的人

即便想以低廉的價格租借，你的提案也必須對對方有利，合作才有可能成真。簡言之，提案必須讓彼此雙贏。

要想出這樣的方案，就必須學習各產業的知識。我想，有很多人都會蒐集目前業績當紅領域的資訊，但如果同時把目光放在夕陽產業，也會成為催生創意的契機。

2. 定期寫下自家公司的長處與商品的優點

找出足以出借他人使用的長處和資產，便有可能催生新事業。因此，建議大家要定期寫下自家公司的長處，關鍵在於「定期」。

前面曾提過，企業的長處和劣勢有可能因為經濟狀況變化，而瞬間反轉。常有人說：「現在當紅的公司，三十年後業績就會逐漸惡化。」其原因在於，很多應徵業績好的大企業的人，都是追求穩定的類型。等到他們升上管理階層的時候，經營上就會趨向消極，無法讓事業更擴大。

社會大眾什麼時候會需要貴公司的資產和技術，沒有人知道。藉由定期確認自家公司的強項，就能因應時代變遷來提案。

3. 把自己想成敵人，就能明白長處為何

自己往往很難知道自身的長處。這個時候，你可以想像一下，自己在競爭對手的眼中呈現什麼樣貌？就好像是把棋盤的盤面反過來看一樣。

抱持客觀的視野，是讓事業成功必備的技巧。

第四章

不改商品功能，改收費機制

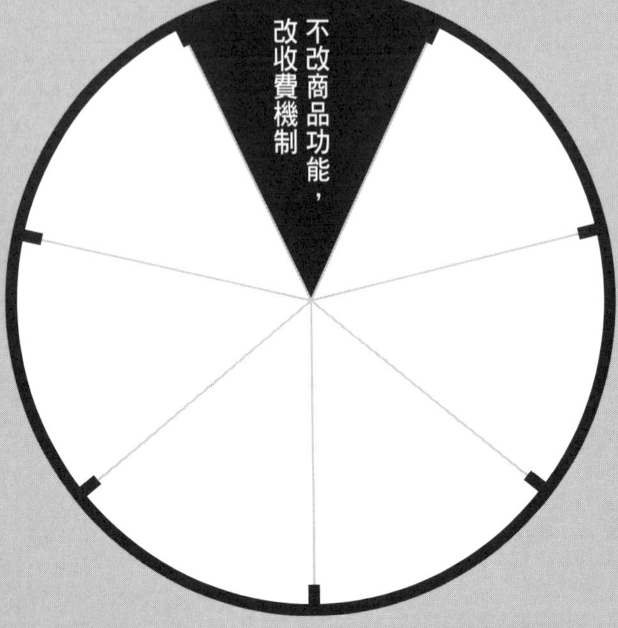

Q1 只要市價三分之一的名片印製行

Q2 咖啡店提高翻桌率的祕密

Q3 集乳車配送牛乳後，回程載什麼？

Q4 當越來越少人喝味噌湯

Q5 貨櫃碼頭變身時尚景點

Q6 為什麼高樓大廈蓋得比透天厝還快？

Q7 一票到底的迪士尼樂園

Q8 由客人決定該進什麼貨

Q9 先享受再分期付款

Q10 手機功能越多越好？iPhone反其道而行

Q1 只要市價三分之一的名片印製行

某家名片行印製名片的價格，只要市價的三分之一左右。如果是大量印刷，價格低廉還可以理解。但小小一張名片，每次的印刷量有限。如果詢問其他印刷廠，大家都表示不論怎麼想，這種價格一定會虧錢。

為什麼明明不合成本，這家名片行還要以超低價幫客戶製作名片？

提示

該公司一定是藉由其他項目獲利。

【解答】

為了早一步獲得其他公司的人事資訊。

【解說】

其實，這家公司與印刷業沒什麼關聯，而是一家人力派遣公司。人力派遣業必須能夠取得客戶公司設立新部門，或員工異動等人事資訊。過去他們都是靠著和人事窗口打好關係來取得，但只要窗口換人，或是與對手的競爭較激烈的話，就無法順利取得。

所以，他們想到的創意，就是不惜成本，提供超低價印製名片的服務，藉此取得其他公司的人事資訊。

還有這些類似案例：免費情報誌製作公司的事業

不收費即可刊登公司資訊的免費報紙，其發行公司往往會因此獲得製作公司簡介等宣傳手冊的委託。因為內容大同小異，所以只要採訪一次，就可以完成兩個項目。

Q2 咖啡店提高翻桌率的祕密

某家日式咖啡店的老闆，用心打造出舒適的店內空間。但不知道是不是太過舒適了，許多顧客只點一杯咖啡，就坐上好幾個小時，讓老闆十分煩惱。

這家日式咖啡店位於車站前，地點絕佳，人潮不斷。可是路過的人一看到店裡似乎沒有空位，便掉頭就走。老闆也不可能叫店內的顧客喝完快走，只好迂迴的詢問要不要再來一杯咖啡。可是，幾乎沒有顧客會再多點一杯。請大家幫老闆想一想，如何才能提高翻桌率。

提示

該方法對其他業態的餐飲店來說，十分理所當然。

【解答】

改採計時收費。

【解說】

雖說是日式咖啡廳，也不必非得靠飲品獲利。只要依據顧客看到的價值所在，改變收費條件即可。

顧客如果認為價值在於「令人舒適的空間」，或許就會為了待在店裡而付費。這樣一來，即使附近開了其他連鎖咖啡店，店主只要同意可帶外食進入店內，顧客就不會被搶走。說不定，反而還可以減輕店家的存貨負擔。

像是居酒屋等餐飲店這類，顧客久坐便會影響翻桌率的店家，也可以利用

「兩小時喝到飽」等機制，提高翻桌率。

還有這些類似案例：居酒屋兩小時暢飲、漫畫咖啡廳的收費方式

喝到飽的機制，雖然表面上看起來是為飲品付費，其實是支付場地費。二十四小時漫畫咖啡廳的收費方式，也和居酒屋的思維相同。飲品之所以免費，漫畫之所以讓顧客看到飽，都是一樣的道理。

Q3 集乳車配送牛乳後，回程載什麼？

牛乳大都以集乳車運送，送達目的地後，回程的桶槽就是空的，這樣一來很沒有效率。但考量到安全與衛生，集乳車又無法裝載牛乳之外的物資。

不過，有一家公司在送完牛乳後，回程成功的運送了其他貨物。他們是怎麼辦到的？

提示

答案不是去程運牛乳，回程運咖啡牛乳。

【解答】

研發出折疊式桶槽，以冷藏貨車運送，而不用集乳車。

【解說】

液體本身沒有固定的形狀，運送時非得使用容器，因此才需要專用車輛，如油罐車、集乳車等。但前面也提到，利用這些專用車輛時，回程就無法裝載其他液體。

為了提升效率，岩手縣的淺野通運公司便開發出某種商品。這家公司用伸縮自如的新材料，開發出可折疊的液體運輸用桶槽「軟桶槽」。這樣的話，就可以用一般的卡車運送牛乳，回程也可以運送牛乳加工品，如起司或優格等。

而且除了運送牛乳之外，還可以在發生天災時運送飲用水，或是運送農業用水等，用途很廣泛。

還有這些類似案例：白天是咖啡廳，晚上變成酒吧

有一些咖啡廳白天賣咖啡，到了晚上就提供酒類飲品。如果只賣咖啡，到了晚上，顧客就會銳減。因此晚上販賣需求較高的酒類，就可以增加來客數高峰時段。

Q4 當越來越少人喝味噌湯

在日本人的飲食生活中，味噌是不可或缺的調味料。根據日本總務省「家計調查」顯示，一九七〇年每戶家庭的味噌消費量為一萬五千七百六十二公克，但到了二〇一一年只剩下六千兩百零四公克（按：二〇二四年為四千三百五十二公克）。消費量減少的原因之一，是家庭結構的核心化、每戶的人口數減少，可是最主要的原因，還是日本每天喝味噌湯的飲食文化衰退了。

不過，最近有家食品公司卻發揮創意，讓味噌的銷售額成長。請問他們的創意是什麼？

提示

創意發想來自於「既然消費者不喝味噌湯，就讓他們用在其他料理」。

【解答】

將味噌加工為粉末。

【解說】

這個創意就是把味噌變成粉末，作為調味料，使用的範圍就會擴大。

自古以來，速食味噌湯、拉麵湯頭等料理，都會使用粉末味噌。所以這家公司便突發奇想，讓消費者也能把粉末味噌用在其他料理中。

一般都認為，味噌就是用來煮味噌湯，為了消除消費者的刻板印象，各家公司紛紛貢獻創意提案，例如可以把味噌撒在沙拉和義大利麵上，或是炒菜或炸蝦時，用粉末味噌取代鹽等。

還有這些類似案例：紙肥皂

紙肥皂就是便於攜帶的一次性片狀肥皂。最近聽說有人會隨身帶著使用，以預防病毒感染。其實肥皂很早就問世了，這可說是在形狀下工夫，成功拓展用途的案例。

Q5 貨櫃碼頭變身時尚景點

日本關東地區的豐洲和橫濱，關西地區的神戶等地，灣區都是商業設施和高樓大廈林立的人氣景點。可是，先前這些沿海地區到處都是倉庫、運輸公司的車輛基地，以及負責集散貨物的勞工住宅等，並不是人潮洶湧的地區。現在港灣設施被集中在一處，只有在限定的區域，才看得到這些設施。

因應全球化的潮流，進出口增加。即便如此，還是能將港灣設施集中，這要歸功於活躍在物流現場的某種東西。請問，是什麼東西？

提示

不是飛機。

【解答】

貨櫃。

【解說】

在現代貨櫃運輸出現以前，大多數物資都是裝袋或以木箱運送。因此每次裝貨、卸貨時，都要搬運數千個箱子或袋子，還要在卡車上堆疊，要花費許多人力與時間，所以必須備有倉庫和勞工住宅等設施。

不過，在一九五〇年代，美國企業家麥爾坎．麥克林（Malcolm McLean）想出了利用貨櫃的物流系統。只要將貨物裝滿貨櫃，再自船上吊起後放上卡車，就可以運送到目的地。其實在此之前就已有貨櫃了，不過麥克林統一了貨櫃的規格，只要利用吊車，就可以自卡車輕鬆裝卸。

因為這個效率化的創意，得以縮減港灣設施的規模，也使得風景優美的灣區成了商業設施和高樓大廈林立的「時尚」區域。

還有這些類似案例：「卡匣式」的耗材更換系統

將耗材裝入統一規格的容器，便於更換，例如印表機墨水等。這種容器就稱為卡匣，都是和貨櫃相同的效率化機制。

Q6 為什麼高樓大廈蓋得比透天厝還快？

走進都會區，就會看到一棟又一棟的高樓大廈林立。這些大樓都是以飛快的速度建造的。聽說有時候蓋一棟大樓的速度，甚至比蓋透天厝還快。為什麼高樓大廈能蓋得那麼快？

提示

他們用的方法，速食店也一直都在用。

【解答】

因為材料都事先在工廠做好，只要到工地組裝就好。

【解說】

如果是用這種方法，工廠和工地現場就可以分頭並進，同時作業。大型材料可以趁著夜晚，道路車流量少的時候運送，其他材料則是需要時就送。建築資材體積都很龐大，如果還用不到就先送到工地，工地就必須準備倉庫保管。但這種方法就不需要倉庫。

配合工程進度生產資材，需要時再送到工地，因此高樓大廈才能蓋得那麼快。這個方法的原理，和豐田汽車的「即時生產」（Just In Time，簡稱ＪＩＴ）系統一樣，就是在有需求時，生產所須的產品，並按需求量配送。

還有這些類似案例：速食店和家庭餐廳的中央廚房

「有需求時，配送所須的產品」，餐飲業的中央廚房也實踐了這種概念。此外，大型超市也有部門專門製作賣點廣告（Point of Purchase，簡稱POP）；某資訊科技企業還設立專責部門，專門編製簡報資料，目的都是減少第一線的作業。

Q7 一票到底的迪士尼樂園

日本千葉縣浦安市的東方樂園（Oriental Land）公司，負責經營、管理東京迪士尼樂園。該公司自二〇〇一年四月起停售單項遊樂設施的搭乘券，只出售一票到底的門票（Free Pass Ticket）。

這個措施對該公司和遊客雙方，各有什麼好處？請大家盡量想出所有可能的答案。

提示

可以想一想其他定額制服務，比較容易了解。

【解答】

迪士尼樂園的好處：

●不用在每個設施派員工驗票，節省的人力可以運用在其他服務，更能提高顧客滿意度。

●可以從每一位遊客身上獲得穩定的收益……等。

遊客的好處：

●對使用多項遊樂設施的遊客來說，更為划算。

●萬一門票掉了，更容易補發。

●極力避免遊客在遊樂場內考慮到「金錢」這項現實的要素……等。

【解說】

針對服務的付費方法有兩種，一是使用時收費，用多少付多少；另一種則是定額制，也就是先收費，然後在一定期間內免費遊玩設施。

定額制對企業來說，優點除了可以讓事務作業更有效率，還可以預收費用等。而對遊客來說，好處則是不用再擔心費用、可以用到比過去更多的服務等。

還有這些類似案例：網路和手機的收費方式

早期主要是按使用量計費，現在幾乎都改為定額制了。

Q8 由客人決定該進什麼貨

「東急手創館」（按：東急Hands，此為舊名，現已更名為臺隆手創館）是一家市區型居家材料工具店，商品種類繁多，從雜貨到生活用品、工具等。我想大家對這家店的印象，就是裡頭什麼都賣。

自一九七六年，東急首創館在神奈川縣藤澤市開設創始店以來，該公司就陸續拓展商品線、建立良好形象，讓消費者覺得這裡「什麼商品都買得到」。可是東急手創館的母公司是不動產公司，聽說他們一開始根本搞不清楚要進什麼貨。

在這種狀況下，東急手創館如何充實商品品項，最終成功獲得顧客支持？

提示

這個發想乍看之下很沒效率。

【解答】

只要顧客詢問：「你們店裡有沒有賣這個？」就進貨來賣。

【解說】

東急手創館的母公司是東急不動產，他們為了活用公司持有的閒置土地，才蓋了居家材料工具店。因此開業當時，他們缺乏居家材料工具店的進貨相關知識，完全搞不清楚該進什麼貨來賣。因此，只要有顧客下單，他們就進貨販售。

一般的居家材料工具店很重視效率。就算顧客下單，一次也得進貨幾百個，所以不可能顧客想要什麼，就進什麼來賣。可是東急手創館卻將進貨的幾百個商品，分裝在小塑膠袋中，讓個人也買得起。

當然，這種做法很沒有效率，不過也正因為沒效率，才能拓展商品線，擁有齊全的品項，建立起不同於其他居家材料工具店的特色。

還有這些類似案例：推展連鎖經營的二手書店

個人經營的二手書店通常會專攻單一主題，例如歷史書、純文學書、美術書籍等。不過，連鎖經營的大型二手書店為了實現品項齊全，會收購各種領域的書籍。

Q9

先享受再分期付款

來個隨堂小測驗。請問以下四種產品和服務，有什麼共通點？

- 手機。
- 印表機。
- 公寓。
- 人壽保險。

提示

這一題沒有提示，請大家想想看。

【解答】

都有分期付款的商業模式。

【解說】

公寓也好，人壽保險也好，原則上都是分期付款。這一點應該很容易了解。

手機是精密機器，要價甚至會到數萬元左右。之所以可以低價獲得這麼昂貴的機器，就是因為每個月支付的合約資費中，包含了手機本身的分期付款費用。就算是零元方案，電信公司也是從你的合約資費中，回收手機本身的價款。

印表機廠商也不是靠賣機器賺錢。他們的商業模式，就是盡量用便宜的價格銷售印表機，然後靠墨水和碳粉匣獲利。每次開發出新機種，就會改變墨水匣的形狀，這是為了讓消費者使用自家公司製的墨水，而非副廠的墨水。

還有這些類似案例：膠囊咖啡機

低價供應高性能咖啡機的商業模式，同樣也是靠銷售專用的咖啡膠囊來賺錢，這也算是一種分期付款。

Q10 手機功能越多越好？iPhone 反其道而行

日本獨自發展的行動電話系統，被戲稱為加拉巴哥手機。因為加拉巴哥群島的生物與外界隔絕、獨自進化，便以這個命名揶揄手機跟不上全球化的腳步。這種加拉巴哥手機，原本還在日本國內擁有壓倒性的市占率，但隨著智慧型手機問世，市占率立刻一路下滑。特別是iPhone，在日本的市占率早已突破七〇%，令人咋舌。iPhone和加拉巴哥手機雖然都是多功能電話，概念卻完全相反。請問iPhone手機的概念是什麼？

提示

這一題沒有提示，請大家想想看。

【解答】

將功能過多、多到消費者不會用的行動電話，更加簡化了。

【解說】

史帝夫・賈伯斯讓音樂隨身聽「iPod」一炮而紅之後，提到他正在開發行動電話。其實當時業界相關人士都對此抱持懷疑態度。這是因為，當時的手機已經擁有許多功能，被認為是完成度極高的商品。但賈伯斯成功顛覆了這個概念。

賈伯斯的概念，就是將功能已經過多、幾乎沒有消費者用得習慣的手機，盡可能的簡化。在初始設定的階段，只加入電話、音樂與上網功能，其他就配合使用者的需求，可以不斷新增功能（App）。

他甚至將按鍵改成觸控式，使得開發應用程式不再受限，也不須依據消費者使用的語言更換按鍵，帶來量產的效果。

還有這些類似案例：Lifenet人壽保險

日本Lifenet人壽保險，是以網路銷售的專業保險公司。該公司的保險商品，因為價格平易近人而廣受歡迎。然而，不只是價格因素，它也將過去難懂的保險產品，轉變為簡單易懂的商品，讓使用者更滿意。

第四章　總整理

●何謂改收費機制？

改收費機制所指的，就是不僅改變商品的形狀，還要改變其銷售方式。也有很多成功案例，是完全不改變商品，只是換個銷售方法，就搖身成為暢銷品。

改變機制不只有助於提升營收，也會因為改變物流機制而提高效率、或是改變銷售方法而減少人事費用等，讓獲利成長。

因此，改變收費機制有助於有效解決廣泛種類的問題，這就是其獨到之處。

●改變銷售方法，就不用自己做

餐飲店的自助服務等，就是最淺顯易懂的案例。把原本店員的工作，改讓顧客自己動手，就可以減少自身的工作量。店員也能把空出來的時間，用來處理其他事情，因此提高了生產力。

本章Q3說明的、用折疊式桶槽運送牛乳的案例，就是運用空出來的車廂空間，運送其他貨物，因此提高生產力。

應用這種方法時，必須一併思考如何善用空出的時間和空間，有效增加利益，否則效果就減半了。所以重點在於釐清：「是為了什麼而改變機制。」

●改變概念有助於解決問題

本章介紹的案例，包括假設一家翻桌率很差的咖啡廳，如何透過提供時間和空間解決問題；以及創業時不知該進什麼貨才好的東急手創館，根據顧客需求進貨，結果成為受歡迎的商店；還有將功能過多，多到消費者不會用的手機極度簡化，結果一炮而紅的 iPhone等。

從這些例子可以明白，翻新既有的商品、服務或是自身工作的概念，十分有助於解決問題。

●改變收費方式，帶來穩定收益

請使用者針對不同於以往的部分付費，也就是改變收費重點，也屬於改變機制。代表性的例子，就是印表機和咖啡機的商業模式——低價供應高價的機器，然後靠賣耗材賺錢。這種商業模式可獲得長期、穩定的收益，而且還可以降低消費者購買的門檻。

這種方法雖然和第二章介紹的分冊百科雜誌類似，但不是把商品本身分割成小單位，而是讓單一顧客長期、多次回購耗材，這是最主要的差別。

而本章Q7說明的案例（迪士尼樂園），是放棄使用時收費的方法，並導入定額制，以獲得穩定收益。除了可應用在通訊業，還可以用於餐飲業和服務業等廣泛的產業中。

●改變形狀

之前曾介紹將味噌加工成粉末的例子。改變商品的形狀後用途反而更廣，可以讓更多顧客購買商品。

此時必須注意的是，不只是單純改變商品的形狀而已，而是要從需求和銷售方法的角度思考。並不是說單純換個形狀就會暢銷，而是為了回應消費者需求才改變形態，這個順序很重要。

●重要的是提醒自己，不要因為理所當然就放棄思考

改變機制，其實是要打破過去以來，一直認為理所當然的概念。

要用這種方法創新，就必須從根本開始，重新檢視平常提供的服務或商品，以及自己正在做的事。總之，不論什麼事都要提醒自己，別因為「理所當然」就算了。

●如何學會這種思考法？

1. 養成習慣，多問「為什麼」

為了避免因理所當然就放棄思考，必須對所有事物存疑。市面上提供的所有東西，都有其存在的意義和目的。也就是說，會有人因此獲益。

重點是平常要養成習慣多問為什麼，想一想：「這樣做對誰有利？」、「為什麼要做成這種形狀？」這樣一來有助於拓展發想的範圍，解決問題。

2. 決定當天的思考主題

話雖如此，要整天不停的想「為什麼」，實在很累人。所以我建議大家，可以事先決定好當天思考的主題。

主題沒有任何限制，什麼都可以。早上坐捷運看到的第一個廣告，也可以作為主題；或是食物、飲料，或是電視節目與服務等沒有固定形體的東西，一樣可以當成主題。久而久之，你自然就會像張開思緒的天線一樣，思考也會更活化。

第五章

過去有哪些服務，現在消失了？

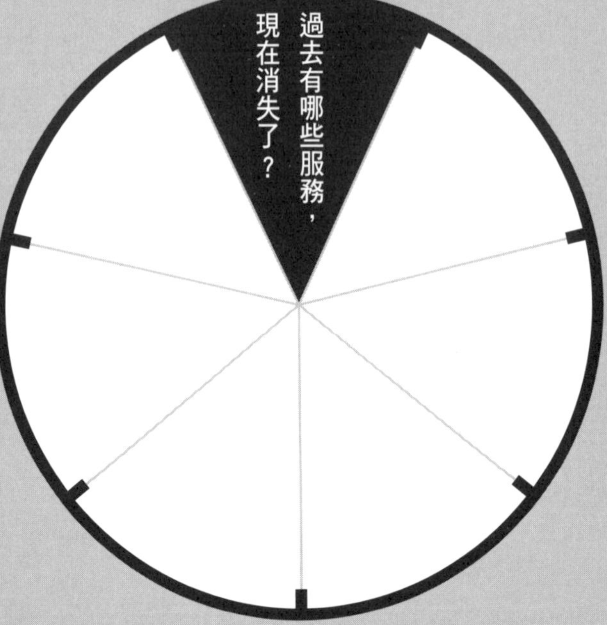

Q1 黑色的妙鼻貼

Q2 不怕你暴雷的試閱

Q3 把單獨使用的產品組合在一起

Q4 販售「安心」

Q5 露營用品店怎麼賣東西給不露營的人？

Q6 飲食減鹽，醬油生產量卻不減？

Q7 隱形眼鏡日益流行，眼鏡產業怎麼求生？

Q8 世界上第一位撐傘的男性

Q9 改變世界的索尼隨身聽

Q10 咖啡廳的糖罐，為何換成了糖包？

Q1 黑色的妙鼻貼

清除鼻子毛孔的護膚用品鼻貼，不分男女、受到廣大使用者喜愛。只要把它貼在鼻子上，過了一會兒再撕下，就可以拔出毛孔內堆積的黑頭粉刺等髒污。

許多公司也推出了類似商品，競爭激烈。不過，有一家公司只是小幅度的修改了現有的鼻貼產品，營收就出現爆炸性成長。當然，該公司完全沒變更產品的形狀。他們到底改變了什麼？

提示

有些棉花棒產品，也用這個方法拉高了銷售額。

【解答】

只是把材料改成黑色。

【解說】

鼻貼和棉花棒等商品都很難創造差異化。不過，在這片紅海中，卻出現了某些廠商把貼片的白色材料改成黑色，讓效果更為明顯，結果竟然一炮而紅。

既然難以在性能方面創造差異，就提供肉眼可見的附加價值給消費者，打造出成功的商品。而且只是改變顏色，也不用花什麼開發成本，現在許多鼻貼都採用了黑色貼片。

還有這些類似案例：出成績單的補習班

現在這種方法很常見，補習班出成績單的服務，讓學生和家長可以用肉眼可見的方式，確認原本難以觀察到的學習成果變化，這也可說是很好的創意。

Q2 不怕你暴雷的試閱

某家網路書店在網站上推出一項服務，可以讓讀者試閱各家出版社的所有繪本內容。

據說這家網路書店成立時，各大出版社極力反對這種服務，但現在大多數的繪本都可以全部試閱了。為什麼明明知道書籍內容會被公開，出版社還願意提供書籍試閱？

提示

因為商品是繪本，才有辦法推出這項服務。

【解答】

因為小孩子會反覆閱讀繪本。

【解說】

各位讀者小時候，一共會讀幾次家裡的繪本？我想應該不會只讀一次吧？特別是像本書這種商業書籍，買書就幾乎等同於購買資訊，所以如果內容全曝光了，營業額就會下滑。但繪本類的書籍，是需要父母閱讀，或是自己閱讀，這些「行為」都是有意義的，所以一本繪本會被閱讀很多次。

既然是要閱讀許多次的書，讀者當然會想仔細確認過內容後再購買。這家網路書店因為掌握了父母親的這項需求，而十分受消費者支持。

還有這些類似案例：所有免費發送商品的行銷手法

免費提供商品和服務，促使消費者上門光顧或成為付費會員，然後再回收成本。自古以來，商人就常用這種方法，早在江戶時代，三越和服店就會免費贈送衣櫃給主力顧客，促使顧客購買和服。

Q3 把單獨使用的產品組合在一起

《大家來看賈伯斯：向蘋果的表演大師學簡報》（*The Presentation Secrets of Steve Jobs*）一書作者卡曼・蓋洛（Carmine Gallo）曾在書中提到：「時代越嚴峻，越容易誕生革新。」

他還提到「創新不一定意味著劃時代的發明。即使是既有的技術和想法，只要巧妙的『〇〇』，你也可以引發革新、改變世界」。請問空格的「〇〇」應該填入什麼詞？請根據提示中的產品共通點來推測。

提示

西式衣櫃、瑞士刀、易開罐。

【解答】

共通點就是組合。

【解說】

蓋洛主張：「即使是既有的技術和想法，只要巧妙的組合，你也可以引發革新、改變世界。」

提示中三種產品的共通點，就是源自以下的概念：把常用的東西組合在一起就好。許多西式衣櫃都會附全身鏡；一支瑞士刀裡包含各種工具，在日本又被稱為「十德刀」；易開罐則整合了罐子與開罐器。

每一種產品，都是把單獨使用的用品整合在一起。像這種經由組合而誕生的產品，充斥在我們的生活當中。

還有這些類似案例：附帶相機的手機等

手機與相機的結合，就是後來的照相手機。結合印表機、掃描器、傳真機、影印機後，就誕生了複合事務機。還有在蘇打水中加入冰淇淋的冰淇淋汽水等，其實很多都是藉由組合而成為暢銷商品。

Q4

販售「安心」

近來社會大聲呼籲資訊安全的重要。而會處理個人資料的公司，也會產生大量摻雜個資的垃圾。運輸公司提供的回收箱等服務大受好評，但不少企業還是會擔心回收後遺失、竊盜等風險。

在這種情況下，某個業界也投入這類服務，並提供了「安心」的附加價值。它既不是垃圾回收業，也不是運輸業，但因為形象良好，廣受顧客好評。

請問這是哪一個業界，又提供了什麼服務？

提示

關鍵在於獨家特色。

【解答】

保全公司利用附有破碎溶解裝置的卡車，在使用者面前溶毀文件

【解說】

其實，現在保全公司也開始陸續提供處理機密文件的服務。他們將保全的對象，由公司的建築物（硬體）拓展到公司的資訊（軟體）。

服務機制如下，各保全公司導入附有破碎溶解裝置的卡車，之後保全人員與委託公司的經辦人員同時在場，破碎、溶解掉機密文件。所以委託公司不用擔心文件遺失或被偷，可以放心的交給保全公司處理。

此外，由保全公司來處理，對於客戶來說也是很大的附加價值，更能感受到

信賴。這是充分活用企業「獨家特色」的成功案例。

還有這些類似案例：壽司師傅在顧客面前製作迴轉壽司

原本迴轉壽司是讓顧客從軌道上拿取想吃的品項，但有越來越多店家提供現點現做的服務，增加附加價值。

Q5 露營用品店怎麼賣東西給不露營的人？

某居家材料工具店因應戶外活動風氣盛行，進貨了許多戶外活動商品，如帳篷、睡袋、戶外小吊燈、露營烹飪器具等。可是因為附近又新開了一家大型戶外用品專賣店，使得營收如雪崩般下滑。而且當初進貨時為了壓低價格，又一次進了大量商品，所以庫存很多。

雖然也可以舉辦跳樓大拍賣出清存貨，可是考慮到利潤，他們不能這麼做。

有沒有什麼方法，可以不降價、又能拉高銷售額？

提示

作為大多數人都需要的商品售出，而非休閒用品。

【解答】

作為防災用品來銷售。

【解說】

戶外活動等專業領域的商品，只要附近開了專賣店，顧客就會流向這類店家購買。因為居家材料工具店的特徵是品項多，但每種品項的選擇很少，自然打不過專賣店齊全又豐富的產品陣容。

不過，像是內建充電器的收音機手電筒等商品，既可以當成露營用品來賣，發生災害時也可以派上用場。把這類戶外活動用品當成防災用品銷售，結果會如何？平常不爬山，或對露營沒興趣的人，也可能會走進防災用品的賣場。

此外，最近雖然什麼東西都可以租借，但防災用品是家中必須常備的。所以只要改變賣場，原本滯銷的商品就有機會賣出去。

還有這些類似案例：吸油面紙

即使臉上帶妝，吸油面紙也可以吸收肌膚表面的浮油。其實，它原本是製作金箔時，敲打黃金、使其延展時墊在底下的紙張。

Q6 飲食減鹽，醬油生產量卻不減？

先前提過關於味噌的問題，這一題則是關於醬油。

醬油和味噌一樣，每戶家庭的消費量都逐漸減少，出貨量理應也隨之減少。不過，日本國內用的醬油，生產量卻沒有降低。為什麼醬油可以維持生產量？請想出兩個理由。

提示

雖然在日本以外的國家，醬油日益受歡迎，但這裡請各位思考的是日本國內的醬油生產量得以維持的理由。

【解答】

●加工成其他商品，在各式各樣的通路銷售。

●外帶回家吃的飲食類型越來越普及，小包裝的醬油需求量成長。

【解說】

就算大家平時不買瓶裝或寶特瓶裝醬油，其實也經常用到而不自知。比方說，麵味露（按：口味比醬油淡，常用於搭配涼麵等）和沾醬就是其中之一。近年來以醬油為原料，發展出各式調味料，或是涼拌用的醬汁、沙拉醬等，種類豐富。另一個就是便當附的醬油。我想很多人都知道，日本後來也興起將便當、熟食等外帶回家吃的潮流。

醬油的生產量之所以能維持，要歸功於加工食品廠商和烹調熟食的公司，採購醬油作為原料或附屬品。

還有這些類似案例：富士軟片轉型

富士軟片（Fujifilm）為因應相機底片的需求銳減，而把一直以來累積的技術，用於製造液晶面板使用的薄膜、成功轉型，獲得廣大的市占率。

Q7

隱形眼鏡日益流行，眼鏡產業怎麼求生？

自隱形眼鏡問世後，大家都認為眼鏡產業已經淪為夕陽產業了。可是自二〇〇九年左右開始，部分眼鏡製造商的業績卻不斷成長。到底發生了什麼事？

提示

即使戴著隱形眼鏡，也會想戴眼鏡。

【解答】

因為消費者會買好幾副眼鏡，目的不是矯正視力，而是作為時尚配件。

【解說】

早期眼鏡的價格還很昂貴，但二〇〇〇年以後，隨著輕量化及採用低價材料開始量產，變成入手門檻低的商品。話雖如此，過去以來戴眼鏡的目的，是為了矯正視力，所以往往準備一副就好，不需要買太多副。對視力正常的人來說，更是不需要。在這種狀況下，製造、銷售眼鏡的JINS公司，因為供應便宜又時尚的眼鏡，營收由二〇〇五年的二十八億日圓，成長到二〇一二年的兩百二十六億日圓，七年間營收暴增約八倍。

這是因為他們成功的讓眼鏡化身為配件。平光鏡片的眼鏡已成了不可或缺的時尚單品，視力好的人也因此開始戴眼鏡了。此外，還出現了能阻隔花粉、藍光等的眼鏡，提供矯正視力之外的附加價值。

還有這些類似案例：牛仔褲

牛仔褲原本是煤礦礦工的工作服，但因為電影演員穿了之後，就被大眾視為流行服飾，流傳到世界各地。

Q8 世界上第一位撐傘的男性

下雨天絕對少不了雨傘。日本自古以來也有所謂的和傘，是在和紙上塗抹可防水、防腐的柿漆（按：含有澀味的椑柿搗碎後榨出的汁液）製成。而現代使用的洋傘原型，則是十八世紀的英國商人喬納斯・漢威（Jonas Hanway）去波斯旅行時，所看到經防水加工的中國製雨傘。

可是漢威在數十年間，每次只要撐傘，就會被人嘲笑。為什麼？

提示

大眾需要慢慢習慣新概念。

【解答】

因為當時的傘，主流其實是女性用的陽傘。

【解說】

其實在十八世紀的英國，男性沒有撐傘的習慣。當時的傘是女性用來遮陽的工具。舉一個誇張的比喻，當時的男性撐傘，就像男性在現今社會穿裙子一樣，當然會被周遭人嘲笑，有時甚至會被人惡整。

不過，漢威一點兒也不氣餒，即使是去參加上流階級人士齊聚的正式宴會，也會帶傘出席。

於是慢慢有人開始模仿他，最終塑造出男性也可以撐傘的風格。在現代，甚至還有人說撐傘是英國紳士的修養。要說漢威為英國文化習俗帶來創新，可是一點也不誇張。

還有這些類似案例：男性用保養品

起初，男性專用保養品的市場，規模還很小，但是在廠商鍥而不捨的宣傳下，如今已經擁有龐大的市場了。

Q9 改變世界的索尼隨身聽

源自日本的成功創新案例之一，就是至今仍為人津津樂道的索尼（SONY）隨身聽。它去除了錄音功能、收音機調諧器、喇叭等，只專注在播放音樂的功能，因而得以縮小體積。卡式錄音機原本重如兩本國語辭典、大小也跟辭典不相上下，之後人們得以將其隨身攜帶，隨時隨地享受音樂，大幅改變了當時的生活型態。

有一個產業也因為隨身聽的問世，得以擴大市場規模。請問是哪一個產業？

提示

這個業界如今依舊存在。

【解答】

唱片出租業。

【解說】

隨身聽改變的，不只是讓音樂可以隨身攜帶，還讓享受音樂的型態，由全員共享相同的音樂，變成可以依個人喜好享受自己喜歡的音樂，這可說是很重大的創新。

現在，自由聆聽音樂的環境已經成型，但當時的主流是全家人坐在音響組合前一起聽，無法自由的享受自己想聽的歌曲。隨身聽的問世，讓每個人可以盡情聆聽自己喜歡的音樂。

於是，用唱片拷貝自己喜歡的曲子，製成獨創合輯的文化也應運而生。所以對於唱片出租業的發展，隨身聽可是功不可沒。

還有這些類似案例：Docomo的i Mode

當時i Mode是創新的服務，讓使用者可以用手機瀏覽網頁。i Mode的問世，帶動了提供手機內容的軟體業快速發展。

Q10

咖啡廳的糖罐，為何換成了糖包？

在幾十年前，咖啡廳是把砂糖裝在糖罐裡，提供顧客加入咖啡。可是，後來越來越多咖啡廳改用糖包。為什麼他們要改放糖包？這種改變有什麼好處？理由不只一個。請大家挑戰一下，看看能想出幾個。

提示

除了從店家的角度思考以外，也可以想想對於顧客的便利程度。

【解答】

- 不用補充砂糖到糖罐裡。
- 不會混入異物，較衛生。
- 不會受潮結塊。
- 顧客不會因為一時疏忽，就撒得到處都是……等。

【解說】

過去珍貴的砂糖，後來就變得很便宜，反而是人事費用高漲。過去拿袋裝砂糖補充糖罐時，必須很小心，不然砂糖會撒得到處都是，還得花時間打掃。改成糖包後，只要一一補充即可，省下很多工夫。

從衛生的角度來看，改成糖包後，也不用擔心砂糖受潮結塊或長蟲，更不會因為顧客加砂糖時一不小心，讓飲料滴入糖罐裡。

除此之外，還可以預防顧客加砂糖時，不小心打翻糖罐。

還有這些類似案例：複合事務機的碳粉

在過去，要補充複合事務機的碳粉時，得要把碳粉直接倒入本體的容器中，極為麻煩。現在只要直接更換碳粉匣即可，更換速度快，又不會弄髒手和衣服，優點很多。

第五章　總整理

●改變銷售環境指的是？

提到改變銷售環境，可能有人會誤以為是改變顧客或市場，其實並非如此。那麼，它到底指的是什麼意思？其實就是改變自己。不需要改變自家公司商品的本質，只要提供前所未有的使用方法等新提案，就可以轉換顧客和銷售場所，也就是拓展市場。

舉例來說，本章有一題是在防災用品賣場銷售露營用品。這和第一章改變空間的例子很像，但意義有些不同。如果想成是將露營用品店改成防災用品店，而不只是單純的換個賣場賣，可能比較容易了解。

雖然從結果來看，有些例子改變了物理上的空間，但這不是目的，宗旨是不同的。接下來，我們就一起看看，改變環境有什麼效果。

●改變外觀或用途，就能產生新需求

有些案例並非改變商品規格，而是提出新的使用方法，拯救了銷售額下滑的商品，最後成功提升業績。眼鏡製造商在銷售眼鏡時強調時尚的特點，就是成功的案例。

此外，像是本章Q6介紹的醬油案例，把醬油當成是調味料或醬料的原料來出貨，維持生產量，也是一樣的情形。

●展現使用效果，吸引顧客購買

在不改變商品概念和本質的前提下，想要打造暢銷商品，最有效的方法就是把肉眼看不見的效果具象化。我稱之為「看吧！變成這樣了」戰略。

前面也介紹過，保全公司當場溶解資訊垃圾的服務，以及黑色鼻貼等例子。除此之外，還有免費發送樣品，讓使用者實際感受到效果後，促使他們購買的方法等。這些方法不分產業，皆可使用，是很容易採取的措施。

●提供新價值，活化市場

隨身聽這個大發明活化了各種市場。從前面介紹的唱片出租業開始，到生產卡式錄音帶、電池等消耗品，以及耳機等配件的家電業，還有銷售這些商品的零售業，都因此生機勃勃。隨身聽甚至改變了生活型態，也影響到時尚業。

再加上，這項發明也影響了史帝夫・賈伯斯，成為催生 iPod 的契機之一。而 iPod 也開發了收納、保護的盒子和薄膜貼等新市場。有時對顧客的新提案，也可能大幅改變市場大環境。

這種方法的門檻非常高。不過，前面也說明過，創新幾乎都是組合既有的東西而誕生。只要磨練看事物的觀點，說不定你也可以改變市場。

●如何學會這種思考法？

1.寫下自己和他人的不滿、抱怨

要改變環境，就必須熱衷於找出社會還欠缺的部分。以眼鏡來說，就是時尚感；以隨身聽來說，就是卡式錄音機重量太重、攜帶不便的缺點。

要磨練這樣的觀點，捷徑就是找出人們的「不方便、不滿意」。日常生活中，我們可以在各種地方聽到不滿的聲浪。當然，我們自己一定也會覺得某些商品或服務很不方便、有待改進。

對於這些不方便、不滿之處，別只是說一句「唉，算了」就放棄，而是該把它們寫下來，就會成為創意的根源。

2.思考過去曾有哪些服務，但現在消失了

有很多服務過去曾經很流行，現在卻消失不見了。大家可能也聽說過以下這個故事。

以前有個少年在販賣打火石，後來因為火柴問世而失業。這位少年十分憤怒，就想放火燒了保存火柴的倉庫。可是，不論他怎麼摩擦打火石，火就是點不起來。此時他心中想著：「糟糕，要是有帶火柴就好了。」就在這個當下，少年頓悟了，他知道這個世界已經不再需要他賣的打火石了。

我想，這個故事一定是某個人編出來的。不過，在人們不知不覺間，大環境時刻在變化，這是不爭的事實。

想一想現在已消失的商品和服務，是很有意義的訓練，它可以幫助大家察覺社會的需求變化。

3. 東西如果故障了，就想成是機會

平常使用的家電產品等如果壞了，這時就是催生創意的好機會。你可以試著思考一下：「少了這個東西，真的就不行嗎？」、「有沒有其他的東西可以替代？」

經過這樣思考後，有時也可能找到催生新提案的契機。

第六章

換個更有利於自己的戰場

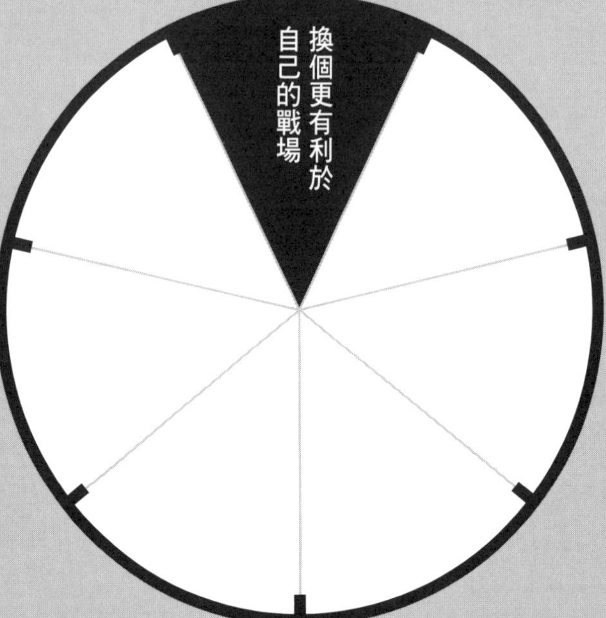

Q1 我們不打折，但我們幫你升等

Q2 吸引眼球的巨無霸特餐

Q3 進獻給天主教教宗的神子原米

Q4 鄉下麵包店，一躍成為全國名店

Q5 擠不進業界前三，就當「F4」

Q6 要不變小，要不放大

Q7 漲價，比沒漲賣更好

Q8 同一款式出各種顏色

Q9 比市價貴五倍的衛生紙

Q10 一級戰區的茶飲料還能怎麼變？

Q1 我們不打折，但我們幫你升等

有一家會員制旅行俱樂部，會員都是富裕人士。為了增加顧客，打算盡可能降低費用，該公司和航空公司協商，成功的讓航空公司同意將頭等艙的費用，降到商務艙的收費水準。

該俱樂部雖然想以此為賣點吸引顧客，但又怕「打折」或「降價」等字眼，會讓既有顧客覺得價值降低、自尊心受損而離開。

請幫忙想想，可以用什麼標語呈現物超所值的感覺，又不須用到「打折」或「降價」等字眼。

提示

請慎選詞彙，以避免傷害到顧客的自尊。

【解答】

運用「升等」（upgrade）的表達方式。

【解說】

與其宣傳「可用超低價搭乘頭等艙」，不如強調「讓我們為您將商務艙升等為頭等艙」，想必會更有高級感。

雖然結果相同，但如果改用「升等」的說法，印象就截然不同。

雖然看起來好像在玩文字遊戲，但經常以富裕階層為對象的行業，像是飯店業和信用卡業等，常用這種方法。

還有這些類似案例：某個主管動的腦筋

主管給五位部屬一萬日圓，對他們說：「拿這些錢去喝一杯吧。」可是換算下來，一個人只分到兩千日圓，部屬可能還會認為主管好小氣。不過，如果主管用同樣的錢，只是換個說法：「去買杯咖啡吧？」我想部屬們一定會歡呼「太棒了」。只要改變基準，你就能成為大方的主管。

Q2

吸引眼球的巨無霸特餐

在某家企業的總部大樓附近，有一家中式餐廳，由店主獨自經營。這家中式餐廳承蒙該企業的熟客支持，得以營運至今。不過，後來這家企業搬遷總部，中式餐廳的經營便陷入苦戰。

要比較口味的話，這家中式餐廳不會輸給其他競爭對手，但很難把肉眼看不見的「口味」，傳達給不曾上門的新顧客。

於是餐廳店主想出了一個新菜色，是其他餐廳沒有的，顧客也因此開始增加，甚至還吸引電視臺上門採訪，生意興隆。請問這家中式餐廳，到底推出了什麼菜色？

提示

店頭展示可讓人一眼了解菜色的特徵。

【解答】

該中式餐廳推出巨無霸料理。

【解說】

肉眼看不見的口味和氣味、風味，真的很難讓沒品嚐過的人了解。就算是電視臺上門採訪，也沒辦法透過影像感受到。

所以，中式餐廳的老板祭出一目瞭然的商品特徵——「巨無霸」。這麼一來，也可以在店頭展示、宣傳。雖然真的會點來吃的人不多，但因為受到關注，自然會吸引顧客上門，就有機會親自品嚐老板自豪的口味。

另外一種手法，則是推出超低價料理。不過，對於無法以量制價的個人經營店鋪來說，存在著降低利潤的風險。

還有這些類似案例：設計上獨具特色的建築物

時尚外觀的辦公大樓，與擁有近未來風設計的大學校舍等，這些獨具特色的建築物，就是以肉眼可見的形式，展現出承租公司和學校法人的個性與特徵。建築師的事務所等也是相同的道理。

Q3 進獻給天主教教宗的神子原米

這是發生在日本北陸地方某極限村落（按：人口一半以上為超過六十五歲長者的區域）的事。市長拜託該地的某位區公所職員：「請你想辦法，讓因為高齡化而苦於後繼無人的農家重生。」

該村落的農家優勢，就在於可根據長期以來的經驗，種出美味的稻米。該職員想銷售這些好吃的米，無奈該地區的稻米沒什麼知名度，而且預算只有區區的六十萬日圓。不過，這位職員卻成功的讓當地的稻米，成為大受歡迎的品牌米。

請問他如何讓該地的稻米品牌化？

提示

當時媒體蜂擁而至。

【解答】

他將稻米進獻給天主教教宗，並利用大眾媒體宣傳事情的原委。

【解說】

這裡提到的稻米，就是位於日本石川縣羽咋市的神子原村落，所種植的「神子原米」。當時的神子原村落高齡化嚴重，農家平均年所得只有八十七萬日圓。

而公務員高野誠鮮，就是被賦予活化村落重責大任的人。雖說要活化村落，預算卻只有六十萬日圓，而且起初村落的老人家們並不配合。

高野先生苦思宣傳良策，最終想到了一個公關戰略，就是把地名「神子原」譯成英語：「The highlands where the son of God dwells」。因為「The son of

God」是指神之子，所以他決定將稻米進獻給天主教教宗。當時他寄了好幾封信去，最後成功的將當地的稻米進獻給教宗。這件事經大眾媒體報導後，神子原米終於成為珍稀的品牌米。

還有這些類似案例：與名店聯名的杯麵

由大排長龍的知名拉麵店監製的杯麵，附加價值與其說是能享用到名店口味，倒不如說是獲得了名店店主的背書保證。

Q4 鄉下麵包店，一躍成為全國名店

去日本旅遊時，經常會在百貨公司舉辦的食品活動中，或是在車站內看到昭和八年（一九三三年）創業的麵包店「八天堂」。

八天堂原本是在廣島縣賣各式麵包的普通麵包店，長期以來都為營收無法成長所苦。不過，他們開發的冷藏奶油麵包一炮而紅，後來在廣島當地也極受歡迎。請問，八天堂用了什麼方法，讓奶油麵包成為暢銷商品？

提示

這一題對於住在東京的人較有利。

【解答】

先在東京銷售之後，然後在廣島當地宣傳：「這是廣受東京人喜愛的奶油麵包。」

【解說】

八天堂的社長森光孝雅想到，「如果在東京爆紅的話，在廣島應該也會暢銷吧？」因而決定在東京的車站內與百貨公司的活動攤位，銷售自家開發、可冷藏食用的奶油麵包。

結果，許多消費者都注意到這項商品，一炮而紅。慢慢大眾傳媒也開始報導，於是「廣受東京人喜愛的奶油麵包」不僅在創業地廣島，甚至在全日本，都成為當紅商品。

一般鄉下的店家之所以能進軍東京，大都是「因為在當地很受歡迎」，八天堂卻反其道而行。

還有這些類似案例：向一般社會大眾銷售醫療用口罩

高單價口罩原本是醫師在使用的，後來也開始在市面上流通，而且頗受歡迎。特別是病毒盛行的時期，就算價格貴一點，消費者也會想使用效果很好的口罩。

Q5 擠不進業界前三，就當「F4」

在某個業界有一家公司，市占率排行第四。

雖然他們日以繼夜努力不懈，卻一直無法擠進前三名。該業界因為競爭對手很多，這家公司絞盡腦汁想自我宣傳，提升自家品牌在消費者心中的知名度，但就是想不到好點子。各位有沒有什麼方法，可以幫他們好好宣傳？

提示

有時看開、豁出去也很重要。

【解答】

為自家公司掛上「BEST 4」的名號。

【解說】

說到底，原本就沒有人規定非得要是前三名，才能自稱是「Best○」、「Top△」。

既然是業界第四名，那就堂堂正正的宣稱自己是「Best 4」就好了。如果排名在五名以後，也可以自稱是「Big 8」等。如果是像餐飲業這類，同業家數高達數百家的業界，只要找出自家公司獨占鰲頭的領域，宣稱自己是該領域的第○名，例如「○○領域第一」、「資金幾萬日圓以下公司裡的龍頭老大」、「員工數幾名以下公司中的第一」等。

相反的，也有案例是像以下這家租車公司，化劣勢為優勢而成功。

還有這些類似案例：美國艾維士租車公司

美國艾維士租車公司（Avis Car Rental），為了追上市占率遙遙領先的業界龍頭老大赫茲租車公司（The Hertz Corporation），以「我們是業界老二」的廣告來宣傳，結果認知度快速提升，兩年內營收成長了二八%。

Q6 要不變小，要不放大

日本岡山的「桃太郎番茄」一向以果實碩大聞名。但其實並不是所有番茄都長得很大。如果番茄的大小不符合出貨標準，就只能拿去製成果汁。可是，這樣一來，出貨價格就會大幅下滑，特別是大小和出貨基準相差不遠的番茄，真的十分可惜。

於是，有人就把這些番茄拿去做某種加工，讓它們能被當成大番茄，以高價出售。請問，到底是什麼樣的加工？

提示　不是放在超市的蔬果區販賣，而是在高級百貨公司裡銷售。

【解答】

把整顆番茄加工製成果凍。

【解說】

位於岡山縣的角南製造所，其業務就是將桃子等水果，加工製成罐頭。有些農家因為手上的番茄不符合出貨基準，不知道該怎麼處理而頭痛不已。社長角南澄夫為了幫助他們，便想到可以將番茄加工製成果凍。

如果直接銷售，這些番茄會被嫌尺寸太小，但如果裝在果凍杯裡銷售，看起來就很有分量了。

番茄果凍在東京的高級超市推出後，有越來越多人買回去當作午餐，口碑也一傳十、十傳百，結果因此吸引大眾媒體報導，最終成為暢銷商品。

還有這些類似案例：網路影片業界

隨著電視臺刪減預算，有越來越多員工從電視節目製作公司，跳槽到網路影片製作公司。他們具備的技術，在電視界已商品化、十分稀鬆平常，但是對於剛誕生不久的網路業界來說，卻是很重要的技能，剛好可以一展長才。

Q7 漲價，比沒漲賣更好

有一個高級躺椅要價十五萬日圓，原本的目標客層，是追求高水準生活的富裕階級。後來廠商加入某種功能後，設定單價為二十五萬日圓。結果沒想到，連中產階級的客群都來買，比以前還更暢銷。

明明漲價了，卻吸引了所得沒有目標客層那麼高的消費者來購買。廠商到底加入了什麼功能？

提示

這一題沒有提示，請大家想想看。

【解答】

增加了按摩功能。

【解說】

要價十五萬日圓的椅子，不論坐起來多麼舒適，也很難讓人狠下心購買。可是如果附加按摩功能，即使拉高價格，消費者還是覺得划算。

大街小巷的簡易按摩，三十分鐘就要花三千日圓左右（按：約新臺幣六百六十元）。這樣算起來，如果自己買一臺，只要使用約八十天就能回本。而且按摩椅可以使用很多年，反而會讓消費者覺得賺到了。

從現實面來說，一般的躺椅要附加按摩功能，可能沒那麼容易。不過只要能提供相對應的附加價值，即使漲價，顧客也還是很可能掏錢買單。

還有這些類似案例：永不鬆脫的螺帽

「HARDLOCK工業」公司，銷售一款永不鬆脫的「HARDLOCK螺帽」。它的價格是一般螺帽的四至五倍，但因為能大幅降低維護費用，所以包含航空業、鐵路業在內的許多業界都採用。

Q8 同一款式出各種顏色

優衣庫（UNIQLO）的母公司迅銷公司（Fast Retailing），以驚人的低價，提供高品質的搖粒絨（Fleece）服飾。

現在許多企業都銷售價格實惠的搖粒絨服飾，但這種材質原本可是十分昂貴的。明明都這麼便宜了，不用特別促銷，應該也可以賣得很好，但優衣庫還是選擇承擔存貨風險，推出顏色選擇豐富的商品。其實，在優衣庫推出便宜的搖粒絨服飾前，有個業界也用幾乎相同的手法做生意。請問是哪個業界？

提示

是餐飲業中的某個行業。

【解答】

迴轉壽司。

【解說】

迴轉壽司重新定義了高門檻的壽司產品，成為人人吃得起的平民美食。不過光靠便宜，生意也不會長久。於是迴轉壽司店便在送餐軌道上，擺放各種商品，消除「點菜」的麻煩，讓消費者輕鬆拿取。而且要是錯過了眼前這一盤，下一秒鐘可能就被其他人拿走，在這種心理作祟之下，消費者就會不自覺的多拿。

優衣庫之所以推出顏色選擇豐富的搖粒絨服飾，原因也在於此。搖粒絨商品屬於耐久財，一件可以穿好幾年。但如果無法讓消費者頻繁購買，就無法以量制價，低價銷售，所以才會在顏色選擇上花心思，讓每位消費者可以多買幾件。站在顧客的立場，可以用以往只能買一件的價格，買到多種顏色的搖粒絨服飾，這樣更容易搭配時尚風格，滿意度也更高。

還有這些類似案例：牛丼連鎖餐廳

牛丼現在已經是市井小民的用餐好選擇，但以前可是高級料理。之所以變得平易近人，當然是因為牛肉變便宜了，但最主要還是因為牛丼連鎖餐廳出現，讓一般民眾也能無負擔的享用。

Q9 比市價貴五倍的衛生紙

在超市和藥妝店，經常會利用特價衛生紙吸引顧客上門。

在當時，身上只要有一枚五百日圓銅板，就可以帶回一包十二捲衛生紙，還可以找零。換算下來，一捲只要三十日元至四十日圓左右。

但有一款衛生紙憑著一點巧思，竟然賣到一捲兩百日圓左右，這可是市價的五倍以上。請問這種衛生紙用了什麼巧思？

提示

這種衛生紙，藥妝店和超市沒賣。

【解答】

在衛生紙上印上小說或生活小常識、漫畫等來販售。

另一個答案是，車站廁所裡自動販賣機賣的衛生紙。

【解說】

日用品的話，便宜是理所當然。雖然「通膨」是現今的熱門話題，可是每天要用的東西，如果不便宜就賣不出去。衛生紙當然也屬於這一類商品。

但在衛生紙表面印上小說或漫畫等，放在雜貨店或書店銷售的話，一捲竟然賣到兩百日圓以上。

據說某牌衛生紙印上當紅恐怖小說家寫的短篇小說，竟然賣出超過三十萬捲。雖然是日用品，但只要花點心思，讓顧客想買來當成禮物送人，或是作為閒聊的話題的話，就能以高價銷售。

還有這些類似案例：超跑造型橡皮擦

想必很多讀者小時候，可能都會拿按壓式自動原子筆，喀擦喀擦的按著玩。而橡皮擦這種商品，手邊有一個就夠用了。但超級跑車造型橡皮擦反倒被當成玩具，成功的讓消費者一次買好幾個來玩。

Q10 一級戰區的茶飲料還能怎麼變？

現在日常生活中，隨處可見寶特瓶裝的茶飲料。除了綠茶和烏龍茶外，還有焙茶、紅茶、番茶（按：日本人飲用的綠茶之一，通常是等級較低的茶，大都買來自己飲用，不會作為禮品）等，種類繁多。以溫度來說，選擇也很豐富，冬天可以熱飲，夏天可以冰飲等。甚至還販售增加兒茶素含量，能協助人體燃燒脂肪的機能性飲料。

品項選擇豐富的茶飲業界，其實還是有差異化的空間存在。請問，該如何與眾不同？

提示

其實各大廠商都紛紛推出這類型的商品了。

【解答】

改變茶的濃度。

【解說】

茶類相關產品，已經有豐富的茶葉種類和溫度等選項，我想可能有很多人會覺得，這個業界已經玩不出新花樣了。可是，後來市面上開始出現一些商品，試圖以「濃度」來與其他競品區隔。有些消費者會覺得瓶裝茶飲似乎缺少一些什麼，各大廠商為了這些顧客，便紛紛開始推出濃茶商品。

現在的主流雖然是「濃茶」，但未來或許也可以提倡稀釋後在運動時喝，甚至是為不喜歡苦澀味的兒童設計的產品。

還有這些類似案例：船梨精

船梨精是千葉縣船橋市的非官方吉祥物，十分受大眾喜愛。

現今吉祥物蔚為風潮，也陸續出現製作得很精緻的布偶。不過，船梨精卻反其道而行，以略顯粗糙的手作風格創造區隔，這也是它爆紅的原因之一。

第六章　總整理

●何謂改變基準，換個更有利的戰場？

改變基準，這很類似選手參加拳擊比賽時減重降級，以處於有利立場的作戰方式。拳擊比賽依體重分級，有時選手會減重，以參加低一階的比賽。這麼一來，在原本的階級無法獲勝的選手，降級後因為在體格方面占有優勢，可能更為活躍。

此外，有些例子是相撲力士轉換跑道參加職業摔角，將自己的主戰場轉向不同領域的格鬥技。因為計分基準不同，可以將自己的缺點轉為強項。

這種概念也可以應用在商場上。至於如何應用，以下就一一解說。

●改變基準，可以避開無論如何都贏不了的比賽

在已有許多企業激烈交鋒的業界，新公司其實很難進入。此外，要和擁有壓

倒性規模的公司搶市占率，也沒有那麼容易。不過，只要降級，就不必跟那麼強大的企業正面對決了。

本章Q8介紹了優衣庫和迴轉壽司的案例。他們跳脫以富裕階層為客層、銷售高單價商品的業界，果斷拉低單價，並提供更多相同機能的商品。越來越常見的廉價航空公司（Low-cost carrier，簡稱LCC），以及百元快剪理髮店等，也是去除過去受歡迎的周到服務，並降級以擴大市占率。

●改以高價銷售

另一種做法能夠不降級，但依舊可避開競爭，那就是跳脫主戰場。

紙面上印小說或漫畫而爆紅的衛生紙，以及不再需要用集塵紙袋的戴森（Dyson）吸塵器，都能避免捲入價格戰。因為這些商品和其他競品，根本不在同一個戰場。

像這樣，如果企業能開發新商品，附加前所未有的附加價值，即使賣得貴，也能得到消費者支持。

●建立優勢，就能化弱點為強項

例如在本章Q2和Q3解說的中式餐廳與神子原米，兩者都對自己的口味很有自信，但中式餐廳無法吸引顧客，神子原米則缺乏知名度。他們因為這些弱勢，無法讓世人知道他們的好口味。

於是中式餐廳的老闆，不靠「口味」決勝負，而是改以巨無霸的「分量」來競爭，創造出消費者來店的動機。另一方面，神子原米則巧妙利用收成量少的狀況，反過來打造成珍稀的品牌米，並為世人所知而成功打開知名度。

番茄果凍的成功案例也有異曲同工之妙。不符合出貨基準的弱勢，透過加工成果凍，反而轉變為「看起來很大顆」的優勢。

從這些案例可以了解，只要改變基準，就可以創造新優勢，或是將過去的弱點變為強項。

●贏不了，就自己創造新基準，提高知名度

前面曾提過，如果沒有基準，自己創造就好。「○○業界前三大」、「相較於類似商品，更辣△度」，或者是「甜度減少X％」，這些基準想要多少就有多少。這樣一來，可以讓顧客更容易了解公司和商品的定位，進而更認識產品。

早晨專用罐裝咖啡等商品，也是因為創造出新基準而成功的好案例，例如比其他商品更為爽口、口感更為清爽等。

●如何學會這種思考法？

1. 失敗時，要思考挫折帶來的好處

日常生活中，一定會遇到失敗的時刻。然而，有時正因為失敗，才能讓人看清自己的優勢。舉例來說，假設有一位求職者連續面試了十家公司，都沒有成功

錄取。你能找出這個人的優點嗎？答案就是「他連續十次通過書面審查」，這一點實在是很了不起。

如果讓他去指導別人，如何才能通過書面審查，說不定還可以藉此收費。只要培養出這樣的思維，當你在商業上陷入不利的窘境時，也能找出突破困境的創意。

2.思考為什麼一直贏不了競爭對手

不論在哪個業界，都有不動如山的龍頭老大。但是也不必因為超越不了而自我放棄，反而應該認真思考贏不了那家公司的原因，這也是很好的訓練。

是因為資金財力輸人嗎？還是因為商品贏不了？或者是品牌力或知名度不如人？又或者以上皆是？持續思考這些問題，自然就會明白要改變哪個領域的基準，才能避開正面交鋒，拓展自家公司的市占率。

第七章

調整商品本身存在的理由

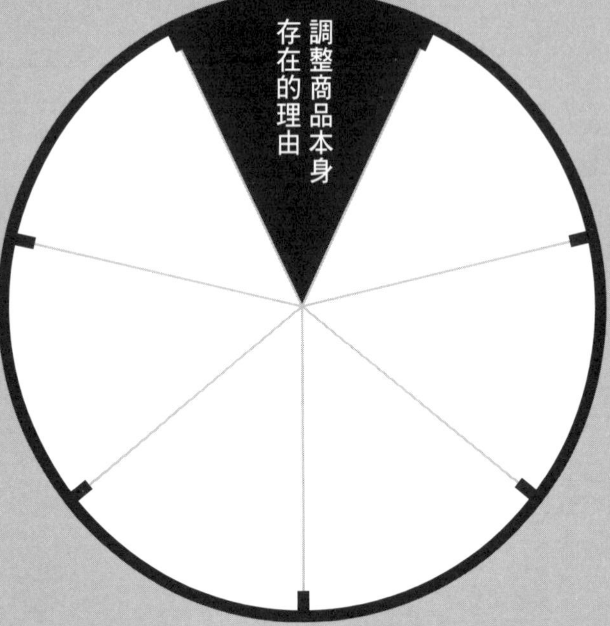

Q1 不是功能差，是用途不對
Q2 低價法國餐廳，這樣吸引一流主廚
Q3 搭火車，不一定只為了移動
Q4 從失敗中誕生的當紅商品！
Q5 本業快失業，竟靠副產品重振旗鼓
Q6 粉刷用的道具，成為文具店新寵
Q7 不只能打棒球的巨蛋球場
Q8 在普通店家買不到的筷子
Q9 在媒體上刊登新進員工大合照
Q10 這臺電腦不能上網

Q1 不是功能差，是用途不對

日本新潟縣三條市的「Arnest公司」，銷售一款碎紙剪刀，有多個刀刃並排，號稱可以「為您保守祕密」。這款商品極為暢銷，也有許多報章雜誌報導，或許很多人都知道。

其實，這款剪刀原本不是在文具賣場銷售，而是擺在其他賣場。請問，這款剪刀原本是在哪一種賣場銷售的？

提示

原本的銷售用途，不是用來剪碎紙張。

【解答】

原本是放在烹調器具賣場。

【解說】

其實，這款剪刀原本是用來剪碎海苔的，可是賣得不好。

不過，當廠商聽到有些顧客表示，會用這把剪刀來碎紙，於是就改變包裝，放在文具賣場銷售，沒想到一炮而紅，成為暢銷商品，至今已經售出超過一百萬把了。

就像這樣，企業會將產品特徵套用在其他的用途。換句話說，滯銷的商品只要改變概念，也可能成為爆紅商品。

還有這些類似案例：個人卡拉ＯＫ店

個人卡拉ＯＫ店以較狹小的空間、更便宜的價格，讓消費者盡情歡唱。店家數也以東京都心為中心不斷增加。這個業態的特徵之一，就是很多使用者會利用這個空間，練習樂器或演講等。

Q2 低價法國餐廳，這樣吸引一流主廚

「我的法國菜」（Ore no French）、「我的義大利菜」（Ore no Italian）等系列餐廳，由「我的株式會社」（Ore no Kabushiki Gaisha）經營，以驚人的低價供應一流料理，而且據點越來越多。

它的祕訣，就是採用站著吃的方式，提高翻桌率，因此才能以低價供應一流料理。為了供應這些料理，「我的株式會社」旗下擁有許多一流主廚。只不過，這些頂尖主廚竟然願意跳槽到站著吃餐廳，實在令人匪夷所思。這些原本在一流餐廳大展長才的廚師，在站著吃餐廳服務的動機是什麼？

提示

這世上不是只有錢而已。

【解答】

因為買食材不必手軟。

【解說】

兼具成本意識和藝術家涵養的一流主廚，在景氣長期低迷的大環境下，經營者傾向減降成本時，心中便開始累積不滿：「我想用更好的食材，才能提供顧客更美味的料理。」、「我即便有想用的食材，也不能用。」

當然，為了讓餐廳營運下去，減降成本是不可或缺的，但一直這麼做，便無法滿足這些主廚身為藝術家的自負。社長坂本孝於是向內心抱持這些煩惱的一流主廚們提案：「來我們這裡吧！你可以放心、大膽的採購想用的食材，不用擔心成本」。

這些用了高級食材烹調的料理，一開店就不斷賣出，還沒到餐廳打烊的時間就幾乎銷售一空，結果反而幾乎不浪費任何食材。

還有這些類似案例：新創公司這樣獲得人才

大企業的優秀人才開始流向新創公司。這些大企業的員工已經看清自己之後會有什麼樣的未來，他們被「未來可能性」和「夢想」所吸引而轉換跑道。錢當然很重要，但若是要吸引人才，金錢以外的因素更重要。

Q3 搭火車，不一定只為了移動

某地有一條面臨廢線的鐵路。

這條路線行駛在人煙稀少的區域，通勤搭車的人口極少，沿線也沒有知名的觀光景點，根本沒有強力因素吸引乘客。而且因為缺乏預算，也無法添購新型車輛。可是，這家鐵路公司卻轉換念頭，成功增加了乘客數。

請問，這家公司究竟是如何辦到的？

提示

坐火車的理由，不只是為了移動而已。

【解答】

讓乘客搭火車的目的，由移動方式轉變成享受搭乘，打造出「供旅客愉快乘坐的火車」。

【解說】

這家鐵路公司，就是行駛在千葉縣郊外的「夷隅（Isumi）鐵道」。

鐵路的功能，就是將乘客運抵目的地。不過，搭乘人數稀少的夷隅鐵道公司，卻透過各種創意與巧思，包括低價購入鐵道迷喜愛的舊型車輛、使其在鐵路上奔馳，並將車廂內部改造成餐廳等，改變概念，將「作為移動工具的火車」，轉變為「樂在搭乘的火車」。

結果，吸引了許多鐵道迷不遠千里而來，成功增加了乘客人數。

還有這些類似案例：日本火腿鬥士隊在札幌巨蛋增設未婚聯誼席

這是日本火腿鬥士隊舉辦的活動，領先職棒業界。當時他們將「職棒觀賽場所」轉變成「聯誼會場」的創意引起話題，也成功增加了球場的入場人數。

Q4 從失敗中誕生的當紅商品！

某餅乾糖果製造商為了避免產品氧化、影響口味，想利用鐵會和氧結合的特性，研發脫氧劑，結果卻不如人意，因為鐵和氧結合時會發熱。

不過，這家公司化失敗為商機。把派不上用場的脫氧劑，搖身一變成為大家耳熟能詳的當紅商品。請問這項商品是什麼？

提示

這項商品和餅乾糖果完全無關。

【解答】

暖暖包「HOKARON」。

【解說】

這家餅乾糖果製造商，就是樂天製菓（LOTTE）。他們為了避免零食氧化，便研究脫氧劑、利用鐵去吸收氧，讓兩者結合。可是在反覆實驗的過程中，他們發現了一個致命的問題。就是鐵和氧結合時會發熱。

一般公司可能到這個階段就會放棄，但樂天製菓的員工進一步思考：「既然會發熱，不然就做成暖暖包吧。」於是一九七八年二月，該公司在北海道開始販售這種暖暖包，一炮而紅。一直以來，一般人用的都是以揮發油為燃料的白金懷爐。而暖暖包隨時可以買、用過就丟，在當時可是劃時代的商品。

就像這個案例，即使產品開發失敗，也能換個角度思考，反而打造出暢銷商品。只要轉換觀點，缺點也可能變成特色。

還有這些類似案例：便利貼

這個故事也非常有名。便利貼的誕生，是因為美國3M公司的研究人員，開發強力黏膠失敗，做出很容易撕掉的黏膠，才催生出這項商品。

Q5 本業快失業，竟靠副產品重振旗鼓

中部化學機械製作所製造的機器，是用來製造纖維樹脂絲線，用於釣魚線或魚網等。可是隨著機械需求減少，他們被迫轉型，結果製造出截然不同的商品。而且該商品還爆紅，這家公司因此成長為營收近百億日圓的大企業。現在公司的名稱也改了。

這項爆紅商品誕生的契機，就是原本製造的機械上纏繞的釣魚線。請問這項商品到底是什麼？

提示

因為奧運選手愛用而爆紅。

【解答】

愛維福（Airweave，高彈力床墊）。

【解說】

愛維福床墊因為花式滑冰選手淺田真央愛用，而知名度大開。製造商「weava japan」（按：現已更名為愛維福公司）的社長高岡本州，接手經營父親的公司後，又接下了為虧損所苦的伯父的公司（前中部化學機械製作所）。為了重振公司，他試著讓公司由原本的機械製造，轉型為床墊製造商。

他從以前就知道，在調整機械的階段纏繞的絲線，具有合宜的彈性。於是他突發奇想，打算利用這種絲線的性質，製造可以輕鬆翻身的高彈力床墊。

一開始市場不接受這個商品，不過他成功的讓一流選手的訓練設施——日本國立運動科學中心（Japan Institute of Sports Sciences，簡稱ＪＩＳＳ）中的住宿設施採用這種床墊，獲得選手們的高度好評，結果以此為契機而成為暢銷商品。

還有這些類似案例：使用廢料製作的飾品和包包

用壓克力板廢料製作的飾品，以及用皮革邊角料製成的包包等，都很受顧客喜愛。關注原本要丟棄的材料，也是催生出新創意的好觀點。

Q6 粉刷用的道具，成為文具店新寵

大家聽到日本武道館，首先會想到什麼？

原本興建日本武道館的目的，是為了普及、推廣日本的傳統武術。自從一九六六年披頭四樂團（The Beatles）在這裡舉辦演唱會後，這裡就經常作為演唱會的場地。

像這樣，很多案例都是隨著時代變遷而改變了用途或目的，或增加新用途。同樣有個例子，就是原本作為粉刷道具的「某種東西」，現在因為它本身的特徵，成為時尚的文具用品。請問，這種東西是什麼？

提示

現在也還是會作為粉刷用的道具。

【解答】

紙膠帶（遮蔽膠帶）。

【解說】

所謂的遮蔽膠帶，主要用於粉刷時貼在不想上色的位置，以避免不小心沾染到顏色。此外，它也可以用來暫時固定物品，或是搬家時避免壁紙或牆壁的粉刷受損，用來固定牆壁保護膜等。為了避免被黏貼的物品或牆面受損，這種膠帶使用黏著力差的黏膠，所以撕下時不會留下痕跡。

因為可以反覆撕下再黏貼，就有人將它作為裝飾用的膠帶。據說他們參觀工廠時提出需求，希望膠帶有可愛的設計，於是廠商就開發出色彩繽紛、作為裝飾用的紙膠帶，結果竟掀起一股風潮。

還有這些類似案例：免治馬桶、騎馬機

免治馬桶座據說誕生自日本，原型其實是為了肢體障礙者開發的美國產品。有一段時間很流行的減肥機器——騎馬機，原先也是用於復健。

Q7 不只能打棒球的巨蛋球場

隨著巨蛋球場問世，觀眾們不須再忍受酷熱、嚴寒的天氣，可以風雨無阻、舒服的觀賞球賽。

而在多雨的日本，即使雨天也依舊可以比賽的巨蛋球場，更是讓賽程順利進行的必要設施。事實上，隨著巨蛋球場的不斷增加，每個賽季的比賽場次也增多了。

雖然巨蛋球場的優點這麼多，但建設時需要高額資金。請大家站在經營者的立場深入思考，為什麼經營者寧願花大錢，也要蓋巨蛋？

提示

理由和餐廳類似。

【解答】

為了排除不確定因素，提高周轉率。

【解說】

要蓋球場賺錢，讓股東們接受，必要條件就是提高周轉率。因此，必須盡可能排除不確定因素。

一旦下雨，如果是沒有屋頂的球場，就算如期舉辦球賽，觀眾也不會來看球，到時就會剩下大量事先準備的便當和熱狗等飲食。全天候型的巨蛋球場，不論刮風下雨、出大太陽還是下雪天，除非真的遇到極端天氣，否則都不必中斷比賽。因為可以舒服的觀賞比賽，入場的觀眾數也十分穩定。

然而，好處當然不只有這些。巨蛋球場因為不受天候影響，除了棒球比賽以外，還可以用來舉辦演唱會、花卉展覽會、銷售中古車等各式各樣的活動，用途增加，也連帶提高了周轉率。

還有這些類似案例：智慧型手機

手機原本只是用來打電話和發送簡訊，但因進化成智慧型手機，成為通用性廣泛的平臺，用於多種用途的「顯示」功能（按：如播放影片、玩遊戲、線上視訊等），也越來越重要了。

Q8
在普通店家買不到的筷子

筷子是餐桌上必不可少的用品，在日本百圓均一價商店也買得到。對製造筷子的廠商來說，除了部分高級品以外，筷子可說是難以維持一定價格的商品。

不過，有一種筷子因為添加了某種附加價值，不打折也十分暢銷。請問，這是什麼附加價值？

提示

在普通店家買不到。

【解答】

作為放在神社銷售的五角形「合格箸」等。

【解說】

作為護身符用或是祈願用的筷子，當然沒必要打折。這類筷子要是打過折扣，反而還會讓人擔心無法實現願望。

在日本，自古以來便會將平常的日子稱為「褻日」，將特別的日子稱為「晴日」，也有風俗習慣認為，在晴日要買些特別的物品。這些特殊物品就算貴一點，人們也願意掏腰包買來作為贈禮。

還有這些類似案例：送禮用的和菓子與鄉下的特產

伴手禮這類以贈送為前提的商品，只要能維持一定的品質和品牌，即使不降價也賣得出去。因此銷售禮品和伴手禮的公司，都投注心思在打造品牌。

Q9 在媒體上刊登新進員工大合照

在泡沫經濟時代，日本有些公司會將員工的大合照，以及社長與每一位即將錄取的員工握手致意的照片，刊載在報紙的跨頁廣告上。

媒體本來應該是用來宣傳自家公司的商品服務，這些公司卻花大錢刊載預定錄取員工的介紹。他們的用意何在？

提示

當時的就業市場，情況和現在截然不同。

【解答】

為了不讓其他公司搶走預定錄取的員工。

【解說】

當年的就業市場，是前所未見的賣方市場。即便是預定錄取的求職者，幾乎手上都有不只一家公司的錄取通知。

企業為了不讓其他公司搶走這些即將畢業的學生，可真是花招百出。比方說，以在夏威夷舉辦員工研習的名義，把內定錄取者集中在遊輪上，或是招待他們去位於雪山上的公司別墅，讓他們盡情享受滑雪的樂趣等。總之就是想方設法斷絕這些人與外界（其他公司）的聯絡（當時手機還不普及）。

而且當時如果能登上報紙版面，可是極為光榮的事。只要在報紙上大做廣告，這些社會新鮮人的親朋好友，就會認為他已經決定去這家公司了。如果後來跑去其他公司上班，就有很多人會問他：「你為什麼不去報紙介紹的那家好公司，反而跑去其他公司上班？」當事人還必須一一說明解釋。這就是這些企業的創意，將報紙廣告活用在銷售商品以外的用途。

還有這些類似案例：企業的形象廣告

電視上可以看到很多廣告，其目的不是宣傳特定商品，而是為了宣傳企業形象。目的是讓企業理念深入顧客以及員工的內心，提升企業形象，吸引更多優秀人才。

Q10 這臺電腦不能上網

「KING JIM」文具公司於二〇〇八年推出電子筆記本「Pomera」。發售最初的機型「DM10」不具備通訊功能，除了用鍵盤輸入文書的文字處理機功能以外，沒有任何其他功能。畫面也只有四英吋大，而且還是單色的，性能很低階。

企劃好不容易通過，終於熬到要發售了，可是公司內部幾乎聽不到贊成的意見。沒想到這臺電子筆記本一問世，卻出乎意料的大賣，成為暢銷商品。為什麼市場會接受這樣的商品？

提示

這一題沒有提示，請大家想一想。

【解答】

因為它不能上網，不會被電子郵件干擾，開機又快。

【解說】

電腦的文書處理軟體，缺點就是啟動電腦本身很花時間。

Pomera的主要目標客層是專業的撰稿人和記者等文字工作者。他們的需求是必須在遺忘之前，把想到的內容寫成文章。Pomera特別強化文書編輯功能，打開電源後只要大約兩秒鐘，就可以輸入文字。這樣一來，就可以在忘記之前記錄下來了。

此外，因為打開電源後也收不到電子郵件，便可以專注在編輯文書作業，不會受到干擾。其實以前也曾有類似的產品問世，但缺點是功能太多了。

Pomera暢銷的最主要理由，就是功能簡化。

還有這些類似案例：銀髮族手機

只能打電話的銀髮族手機，也是因為減少功能而獲得一定的市占率。後來甚至還出現銀髮族用的智慧型手機，不只在日本銷售，也外銷到其他各國。

第七章　總整理

●何謂調整商品本身存在的理由？

前面介紹了許多案例，以及催生創意的想法重點。

最後要介紹的是「改變概念」，其實這是最困難的方法。因為，必須在幾乎不改變商品和服務形態的前提下，從頭開始重組賣場、客層、價位等商品的根本概念。甚至也可以說，這種方法是改變商品本身的存在理由。而要運用這種方法，就必須有孕育新靈感的思考力。但相對的，這種方法出現成效或成功時，衝擊力也更大，更可能創造出暢銷商品。

●改變賣場，原本滯銷的商品就能再銷售出去

如本章Ｑ１說明的碎紙剪刀一樣，有很多案例是原本銷路很差的商品，透過改變概念而搖身成為暢銷商品。

可是在許多公司，特別是商品品項非常多的大企業，銷路差的商品總是很快被遺忘。但只要認真思考以下兩點：「有沒有其他的使用方法？」、「在不同場所銷售，是不是就可以賣得掉？」這樣摸索商品的可能，也許就會打開機會的大門。因此，廠商必須認真傾聽使用者的意見。例如，把剪碎海苔的剪刀，當成碎紙剪刀來賣，這個創意也是來自於顧客的回饋。

●廢料、不要的東西也有商機！

在本章，介紹了從纏在機械上、有彈性的釣魚線得到靈感，因而誕生的「Airweave」床墊；以及研究脫氧劑失敗，卻催生出「暖暖包」等案例。除此之外，還有案例是木材加工業者將處理時產生的木屑，再加工為燃料來發電，為地區帶來貢獻，後來經過藻谷浩介的暢銷著作《里山資本主義》（角川書店）介紹，而廣為人知。

在各位的職場中，可能也有一些廢料或不需要的物品被當成垃圾。然而，如果能把這些東西運用在不同的地方，或許就可以成為某種原料並加以活用。

要想出廢棄物的用途，也不是那麼容易。因為幾乎所有丟棄的東西，的確就是派不上用場。然而，如果你能隨時「張開天線」觀察，說不定有一天就可以引發創新。

●可吸引到新客群和人才

改變概念的話，就能吸引不同於以往的新客層。前面曾介紹千葉縣夷隅鐵道公司的案例。這家公司將鐵路的概念，「由原本的移動工具，轉變為樂在搭乘」，成功起死回生。像鐵路這類使用目的明確的服務，就算想吸引新顧客，也往往會被所謂的常識干擾，很難想出新創意。

想催生新商品和服務時，建議可試著把特性寫在紙上，從零開始思考哪些客群獲得這項商品、服務後會高興。

另外，改變概念後能吸引到的，不只是顧客而已，還有助於獲得新人才。

企業吸引人才青睞的原因不只有金錢，「能充分發揮自身能力的環境」，也是讓人想在某家企業工作的契機。

創業或成立新事業時，要從競爭的同業手中搶人才，也不是那麼容易。但如果能像本章Ｑ２介紹的「我的株式會社」一樣，推出前所未有的概念，讓人才萌生企圖心：「我想挑戰看看！」就可以吸引到優秀的人力。

●如何學會這種思考法？

1. 傾聽顧客的意見

要從零開始重新建構概念非常困難，但有一個資源可以提供協助，那就是「顧客的意見」。

某公司製造、銷售的烘碗機很受歡迎，原因是使用者拿它來乾燥上色後的模型塗料。我之所以知道這件事，是因為看了購物網站上的使用者評價。

在過去，製造商如果要聽取顧客意見，還必須仰賴顧客來信和來電，或是親自拜訪零售商聊聊，或者是委託行銷公司調查才行。

但是在網路上，就刊載了各式各樣的顧客聲音。廠商可以輕鬆的在網路搜尋自家公司的商品，蒐集顧客的意見。而且因為並非面對面訪談，反而可以蒐集到顧客最真實的心聲。

不過，希望大家注意一件事，就是沒必要把顧客的聲音一一反映在商品上。原因在於，如果把各式各樣的意見都反映在商品上，商品概念就會變得模糊不清。網路上雖然充斥著各種意見，但如果稍微分析一下，就可以歸類為幾類。重要的是，只需要從中篩選出顧客真正的需求，並落實在商品即可。

2. 獲邀參加自己不知道、不了解的活動時，一定要去

雖然每個人性格不同，但大多數時候，當有人邀請你參加你不熟悉的活動時，通常會猶豫不決。但為了磨練思考力，應該試著積極接觸不熟悉的領域。在

這類場合，想必會有價值觀與自己截然不同的人。與這類人接觸，可以活化自己的思考。跳脫同溫層，讓自己身處不熟悉的場合，也是孕育創意的必經之路。

3. 看電車車廂廣告和電視廣告

電視廣告和電車車廂廣告等，都如實反映出現今的流行趨勢。企業之所以會打廣告，表示這項商品正十分暢銷。沒有人會花大錢為滯銷商品打廣告。

平時經常關注什麼樣的廣告比較多，有可能帶來新發現，如：「最近資格考的電視廣告好多！」、「旅行社的廣告以前有這麼多嗎？」接著可以思考一下：「我們公司是否能提供什麼服務，讓這些資格考試合格的人高興？」、「旅行者需要什麼？」

模仿同業的創意，常會被說是抄襲；但是模仿其他業界的創意，反而會受讚揚：「你真是懂得舉一反三！」世界上充斥著各式各樣資訊，不要擅自斷定「這跟我無關」，建議各位也要對其他業界的流行趨勢保持敏銳。

國家圖書館出版品預行編目（CIP）資料

70 個馬上套用的賺錢模式：半夜賣榻榻米、貴五倍的衛生紙、不怕你暴雷的試閱……這些獲利模式怎麼想出來的？現役行銷大師破天荒給你思考加速器。/ 木村尚義著；李貞慧譯 .-- 初版 .-- 臺北市：大是文化有限公司，2025.05
288 面；14.8 × 21 公分 . --（Biz；487）
ISBN 978-626-7648-36-0（平裝）
1. CST：行銷管理　2. CST：創造性思考
496　114002405

Biz 487

70 個馬上套用的賺錢模式

半夜賣榻榻米、貴五倍的衛生紙、不怕你暴雷的試閱……這些獲利模式怎麼想出來的？現役行銷大師破天荒給你思考加速器。

作　　者／木村尚義
譯　　者／李貞慧
校對編輯／陳映融
副 主 編／劉宗德
副總編輯／顏惠君
總 編 輯／吳依瑋
發 行 人／徐仲秋
會計部｜主辦會計／許鳳雪、助理／李秀娟
版權部｜經理／郝麗珍
行銷業務部｜業務經理／留婉茹、專員／馬絮盈、助理／連玉
行銷企劃／黃于晴、美術設計／林祐豐
行銷、業務與網路書店總監／林裕安
總經理／陳絜吾

出 版 者／大是文化有限公司
臺北市 100 衡陽路 7 號 8 樓
編輯部電話：（02）23757911
購書相關諮詢請洽：（02）23757911 分機 122
24 小時讀者服務傳真：（02）23756999
讀者服務 E-mail：dscsms28@gmail.com
郵政劃撥帳號：19983366　　戶名：大是文化有限公司

香港發行／豐達出版發行有限公司　Rich Publishing & Distribution Ltd
香港柴灣永泰道 70 號柴灣工業城第 2 期 1805 室
Unit 1805, Ph.2, Chai Wan Ind City, 70 Wing Tai Rd, Chai Wan, Hong Kong
Tel：2172-6513　Fax：2172-4355　E-mail：cary@subseasy.com.hk

封面設計／林雯瑛
內頁排版／陳相蓉
印　　刷／鴻霖印刷傳媒股份有限公司
出版日期／ 2025 年 5 月初版
定　　價／ 420 元（缺頁或裝訂錯誤的書，請寄回更換）
I S B N ／ 9786267648360
電子書 I S B N ／ 9786267648346（PDF）
9786267648353（EPUB）
Printed in Taiwan